中国乡土树木50种
——城乡绿化新优苗木选育推介

U0213032

方 成　储博彦◎撰

中国林业出版社
China Forestry Publishing House

图书在版编目（CIP）数据

中国乡土树木50种 / 方成, 储博彦撰. -- 北京 :中国林业出版社, 2019.1
ISBN 978-7-5038-9952-2

Ⅰ. ①中… Ⅱ. ①方… ②储… Ⅲ. ①树木－介绍－中国 Ⅳ. ①S718.4

中国版本图书馆CIP数据核字(2019)第012191号

中国林业出版社·科技出版分社

责任编辑　于界芬

电　　话　(010) 83143542

出　版　中国林业出版社
　　　　　（100009 北京西城区德内大街刘海胡同 7 号）
网　址　www.lycb.forestry.gov.cn
发　行　中国林业出版社
印　刷　固安县京平诚乾印刷有限公司
版　次　2019 年 1 月第 1 版
印　次　2019 年 1 月第 1 次
开　本　797mm×1092mm　1/16
印　张　10.5　　**彩插**　52 面
字　数　188 千字
定　价　68.00 元

01 杨树 '中华红叶'

Populus deltoids 'Zhonghua hongye'

杨柳科杨属。落叶大乔木。是以欧洲杨与美洲黑杨及其变种为亲本培育出的'速生杨2025'枝条上的芽变培育出的新品种系列。其中又有不同的品种。红叶杨树干通直、挺拔、丰满、高大。单叶互生，叶片大而厚，叶长12～25厘米，宽12～23厘米。叶片初春为鲜红色，后为橘红色，继而为金黄色。叶柄、叶脉和新梢始终为红色，发芽早，落叶晚。耐旱涝耐冻；根系发达，活力强，根扎得深，耐干旱、耐水渍能力强。常用于小区、学校、事业单位、工厂的园林观赏，可栽植于山坡、庭院、路边、建筑物前。

'中华红叶'第三代'金红杨'

推广人简介

程相军观察'中华红叶'第三代'金红杨'

程相军　男，1966年生。大学本科学历。商丘市中兴苗木种植有限公司董事长。2005年以来，程相军就一直致力于彩叶杨新品种选育与开发。他工作认真，刻苦钻研杨树育种。十几年来，他带领公司科研团队，利用分子遗传和化学诱导技术，先后自主研发出了'中红杨''全红杨''金红杨''炫红杨''靓红杨''光干红杨'等6个红叶杨树系列新品种。填补了世界彩色杨树育种的多项空白，具有世界领先水平。获得植物新品种权4项，获得省市科技进步奖3项。累计推广应用红叶杨苗木1.2亿株，带动农民增收2600万元，产品覆盖北京、重庆、辽宁及新疆等18个省份。此外，还有'黄金楝'1个苦楝新品种。

02 对节树 湖北梣，湖北白蜡，对节白蜡

Fraxinus hupehensis

木犀科梣属。落叶大乔木。高可达二三十米，胸径达1.5米。树皮深灰色，老时纵裂。营养枝呈棘刺状；小枝挺直，被细绒毛或无毛。奇数羽状复叶，长7~15厘米，叶柄长3厘米，叶轴具狭翅；小叶着生处有关节。小叶7~9(11)片，革质，披针形至卵状披针形，长1.7~5厘米，宽0.6~1.8厘米，先端渐尖，基部楔形，叶缘具锐锯齿；上面无毛，下面沿中脉基部被短柔毛；侧脉6~7对；小叶柄长3~4毫米，被细柔毛。花杂性，密集簇生，呈短的聚伞圆锥花序。花期4~5月。果期9月。

分布于湖北、北京等地。对节白蜡生长缓慢，寿命长，树形优美，盘根错节，是园林、盆景、根雕家族中的极品，被誉为"活化石"和"盆景之王"。

造型对节盆景　　扦插繁殖的对节树苗

推广人简介

本书作者与邵火生先生（右）合影

邵火生　男，1956年生。大专文化，高级园艺师。1999年创立武汉光谷园艺工程有限公司。公司位于武汉市江夏经济开发区汤逊湖畔，拥有对节树（对节白蜡）苗木基地3000多亩，是全国规模最大的专业制作对节景观树的基地之一。培育对节树景观树3万余棵，养护原生态对节树5万余株，精心培育精品对节树盆景500余盆。

该公司先后获得"全国十佳苗圃""湖北省十佳盆景园""武汉市林业先进企业""湖北省守合同重信用企业"等荣誉称号。公司制作的对节景观树，经过多年的精心造型，或刚劲坚毅，或苍老挺秀，或平阔怡情，或飘逸婆娑。春夏之季枝繁叶茂，情景交融，别具风韵，蔚为壮观；冬季落叶后曲干虬枝，风骨傲然，苍劲古朴。每一棵对节白蜡景观造型树，运用于园林景观中，都呈现出精美绝伦的艺术效果，堪称"立体的画，无言的诗"，是"绿色的植物雕塑"。公司制作的对节盆景，在2009年第七届中国花卉博览会上获得金奖，并且多次获得省内外各项荣誉。公司以诚信的经营理念、合理的价格、优质的服务，以高质量的园林景观大树和极高的移栽成活率，赢得全国各地政府采购部门及园林绿化单位的信任与合作，公司培育的景观树销往全国各地，成为华北及华东地区政府采购最大的景观树供应商之一。

03 巨紫荆

Cercis gigantea

豆科紫荆属。落叶大乔木。高可达30米。叶互生，全缘，心形或近圆形。枝条柔软下垂，稠密飘逸。先花后叶，初花期早，花序密集，花量繁多，单花较大。花色整齐一致，颜色深艳，呈现玫瑰红色。盛花期比普通紫荆长5~10天。荚果暗红色，条形，与绿叶掩映，颇为动人。抗寒、抗旱，抗病虫害，适应用于城市道路、河岸绿化。分布于河南、河北、山西、陕西等区域。

巨紫荆花盛开

推广人简介

张林　男，1965年生。河南四季春园林艺术工程有限公司董事长，河南省巨紫荆工程技术研究中心主任，园林绿化高级工程师。先后自筹资金3000余万元投入研发，攻克一个又一个技术难关，成功选育出20多个新品种，其中有6个获得国家林业局植物新品种保护权，4个通过省级鉴定，1个通过省级良种审定。

他先后获河南省人民政府科技进步二等奖2项，市（厅）级科技进步奖8项，发表论文20多篇，参加编写出版专著1部，取得发明专利2项。其培育的新品种推广到从北京至福建等10多个省份，被媒体与业界誉为"巨紫荆之父"。他曾荣获许昌市第十二批拔尖人才，许昌市优秀科技创新领军人才，许昌市第七届人大代表，河南省优秀项目经理，中国林业产业诚信领军人物，河南省2017年十大三农人物等。

04 密枝红叶李 _{密枝紫叶李}

Prunus cerasifera var. *atropurpurea* 'Russia'

　　蔷薇科李属（目前市场上叫这个名字的不是一个品种，而是樱桃李的变种——中华太阳李、俄罗斯紫叶李、长春紫叶李等多个来源的变异提纯的品种）。密枝红叶李乔灌皆宜。枝节紧凑且细密、色泽鲜红、叶片纤细。夏日后，叶子逐步变红；到9～10月，叶子最为亮丽鲜红。耐修剪，抗旱、抗寒、耐瘠薄力极强。分布于我国北部等地区、俄罗斯。密枝红叶李是庭院、园林、街道绿化的珍贵彩色树种。其可塑性强，既可做绿篱、色块、魔纹、球形，还可做柱形，也可修剪成小乔木。

　　密枝红叶李，通过专业报刊和《乡村爱情》电视剧等方式的广泛宣传，已为全国各地苗木企业和园林绿化所接受。

密枝红叶李大棚种苗

推广人简介

作者与郭云清（左）清晨合影

　　郭云清　男，1969年生。辽宁省开原市靠山镇人。现任开原市花木花卉协会会长。1992年起从事苗木经营，开办开原市云清苗圃。现有占地面积3000余亩，全日光温室200多栋，年产容器苗1000万株以上，是东北地区最大的容器苗生产基地。年销密枝红叶李种苗二三百万株。先后被评为"铁岭市农业产业化重点龙头企业""全国十佳苗圃""辽宁省林业产业化龙头企业"等。近两年，该苗圃调整种植结构，向大间距乔木发展，计划5年内，实现培育20万株精品乔木的目标。与此同时，推出丛生美枫（美国红枫秋火焰）。目前，已繁育丛生美枫成品苗木和半成品苗木4万余株。

05 七叶树
桫椤树、梭椤子、天师栗、开心果、猴板栗等

Aesculus chinensis

七叶树科七叶树属。落叶乔木。高达25米。树皮深褐色或灰褐色，片状剥落。小枝圆柱形，无毛或嫩时有微柔毛，有圆形或椭圆形淡黄色的皮孔。冬芽大形，有树脂。掌状复叶，由5～7小叶组成，叶柄长10～12厘米，有灰色微柔毛；小叶纸质，长圆披针形至长圆倒披针形，基部楔形或阔楔形，边缘有钝尖形的细锯齿，长8～16厘米，宽3～5厘米。花大秀丽，初夏繁花满树，花序圆筒形，5～10朵花，平斜向伸展，有微柔毛，花梗长2～4毫米。花杂性，雄花与两性花同株，花瓣4片，白色。花期4～5月。果期10月。我国黄河流域及东部各省均有栽培。仅秦岭有野生，自然分布在海拔700米以下的山地。优良的园林观赏植物。在黄河流域，该种还是优良的行道树。它可孤植，也可群植，或与常绿树和阔叶树混种。可作为街道、公园、广场、小区、片林高大的绿化树种。

推广人简介

本书作者与徐冠芬女士（左）手捧七叶树花

徐冠芬　女，1963年生。江苏省海门市人。1988年开始创办冠芬帽业有限公司，主要生产经营针织毛帽，产品远销国内外。2003起，开始涉足苗木生产，任海门市森罗万象园林有限公司董事长。主要种植品种有：12～20厘米的七叶树和榉树，单品数量有2万多棵，是园林绿化工程采购的热门树种。近年来，她还大力发展富硒优质水稻的种植。

06 楸树（新一代）

Catalpa bungei

落叶乔木，高达30米。冠径丰满，枝条为开裂状，而老的枝头比较单薄。树皮光滑，呈青灰色，老的楸树品种，树皮粗糙有沟痕。小枝灰绿色、无毛。叶三角状卵形，先端渐长尖，长6～16厘米，先端渐长尖；未成熟的嫩叶，紫红色。生长快，一年生苗可长至粗3～4厘米左右。花淡紫色，与新叶同时出现。花期4～5月。稍耐盐碱、耐烟尘、抗有害气体能力强，萌蘖性强、生命力强。分布于黄河流域和长江流域，北京、河北、内蒙古、安徽、浙江等地。可营造用材林、楸农间作林，防护林及庭院观赏、道路绿化等，是综合利用价值很高的优质用材树种。在中国博大的树木园中，唯其"材"貌双全，自古素有"木王"之美称。

楸树的花朵

推广人简介

郭明 1958年2月生。1982年7月毕业于河南农业大学林学专业，林业高级工程师。现任周口市科技局副局长，周口市楸树研究所所长。长期从事林业科学研究工作，多次主持和承担国家、省重点科技攻关项目及科研课题。荣获国家级科技成果奖3项，省部级科技成果奖9项，市厅级科技进步奖8项。在国家和省级专业杂志上发表学术论文26篇，编著《楸树》专著。郭明是全国楸树研究知名专家，在业内享有"楸树王"称号。

他主持选育的楸树优良无性系速生豫楸系列品种和超亲本杂种优势后代楸杂系列品种具有生长速度快，抗逆性强，适生范围广，观赏价值高，造林用途多等优良特性。其中，由他主持选育的楸树优良无性系速生新品种'豫楸2号'，荣获"河南省林木良种审定合格证书"。

他主持研究的"楸树优良无性系速生新品种豫楸2号中试与示范"荣获2005年度国家重点农业科技成果转化资金项目，并获2005年度"国家级星火计划证书"；主持研究的"速生丰产豫楸2号选育及快繁技术研究与应用"荣获"河南省人民政府科技进步二等奖；主持研究的"楸树优良无性系速生新品种豫楸2号生产应用与丰产栽培开发"荣获2007年度"国家级星火计划项目证书"。

07 蒙山甜茶 湖北海棠

Malus hupehensis

蔷薇科苹果属。在当地也叫甜茶、平邑甜茶，又名海棠果。实际是湖北海棠的"变异"群体，还不算一个独立的种。小乔木，树型丰满。叶互生，叶柄长2～2.5厘米，有时被灰白色粉霜；叶片革质，长椭圆形或卵状长椭圆形，长7～14厘米，宽3～4厘米，先端急尖或突然渐尖。花白色，花骨朵顶尖为鲜嫩的粉红色，下面逐渐变为白色。秋末采摘，冬天果由青色变成了红色。其耐旱、耐涝，萌发力强。分布区域广泛，可作海棠砧木，也可供观赏，应用于园林、庭院、公园、街旁等绿化。

甜茶花

推广人简介

作者与王士江先生（左和王士江（右）的合伙人王洁女士（右）

王士江 男，1968年生。山东省临沂市蒙阴县垛庄镇东孟良崮村村民。2009年以来，他通过发展大樱桃、绿化苗木等新兴农业，成为当地远近闻名的优秀职业农民。经过近十年的发展，他的农场生产规模逐步扩大，从单一种植花卉，发展到种植绿化苗木和樱桃果树等名优花木，还注册成立了自己的公司：蒙阴县方译生态家庭农场。在不断开拓进取的过程中，取得了较好的经济效益和社会效益，同时也显示了广阔的发展前景。

08 白榆'阳光男孩'

Ulmus pumila

普通白榆的一个新品种。落叶乔木，树干通直，树冠呈长卵圆形；叶片大且厚，长8.5~12.5厘米，宽4.5~6.5厘米，上表面有硬毛，粗糙，枝条斜向上伸展，稀疏。一年生枝紫褐色，幼树树皮灰绿色，光滑美观，皮孔清晰，无纵裂。生长速度快，是普通白榆的1.5倍。适宜在中国的东北、西北、华北及沿海地区栽植，作为行道树和景观树种植，是较好的园林绿化树种。

'阳光男孩'用做行道树

'阳光男孩'的树干和叶片

推广人简介

作者与黄印冉（左）和张均营在苗圃合影

黄印冉 男，1972年生。河北省辛集市人。教授级高级工程师。现任河北林业科学研究院园林绿化研究所所长。我国彩色树木育种领域领军人物，河北省景观林木育种团队首席专家，河北省省管优秀专家，全国林业系统先进工作者，河北省杰出专业技术人才。

培育成功以中华金叶榆和'阳光男孩'等为代表的具有自主知识产权的多个景观生态新品种，在我国29个省份得到规模应用，并被引种至美国、俄罗斯等国家，使我国在金色林木育种领域达到国际先进水平。创造经济效益560多亿元，收获"世界金色看中国"的美誉。

注：金叶榆和'阳光男孩'的育种及推广人，还有河北省林业科学研究院教授级高级工程师张均营先生。

8

09 玉玲花

Styrax obassia

安息香科安息香属。落叶大乔木。树高可达6～8米。单叶互生，椭圆形或卵状椭圆形。花单生叶腋，2～4朵成总状花序，下垂；花冠为高脚碟状；花白色、粉色，清香。花期6～7月。果卵形。果熟期9～10月。玉玲花苗期生长快，根系发达，枝叶萌发力强，耐修剪，对环境适应能力强，可在气温-18～40℃的条件下生长良好。玉玲花树形优美，结果时间长。可用于行道、厂区、机关、庭院、学校、水滨湖畔、阴坡谷地、溪流两旁绿化。在常绿树丛边缘群植，白花映于绿叶中，饶有风趣。花、叶、果均可药用。

推广人简介

杨锦先生（左一）与著名苗木企业家朱绍远先生在玉玲花前合影

杨锦 男，1957年生。山东省荣成市俚岛人。荣成市东林苗木种植专业合作社董事长。2011年始，杨锦着力于开发名优乡土树种玉玲花，在当地建立了1000多亩的玉玲花示范标准基地，带动了周边农民上百户增收。

2013年以来，分别在南京、常州、昌邑、东营等地区建立了近3000亩优质玉玲花苗木基地，累计投入国土绿化资金1000余万元。2014年被授于"十大新优乡土树种（玉玲花）推广能手"，同年9月，在第十四届中国中原花木交易博览会上，玉玲花荣获特色产品奖；10月，该品种在第十二届中国合肥苗木花卉交易大会荣获金奖。2017年，杨锦被山东省林业厅、山东省工商业联合会、山东省光彩事业促进会，授予"山东省光彩事业国土绿化贡献奖"荣誉。

⑩ 皂荚 皂角树

Catalpa bungei

豆科皂荚属。落叶乔木，树高可达15～20米，树冠可达15米。枝灰色至深褐色；棘刺粗壮，多数分枝，主刺圆柱形，红褐色。偶数羽状复叶，小叶4～7对，小叶片为卵形、卵状披针形或长椭圆形状卵形，长3～8厘米，宽1～3.5厘米，先端钝，有时凸，基部斜圆形或楔形，边缘有细锯齿。花杂性，黄白色，组成总状花序，腋生及顶生，花萼钟形。荚果带状，直而扁平，有光泽，黑紫色，被白色粉，长12～30厘米；种子多数扁平，长椭圆形，长约10毫米，红褐色有光泽。花期5月，果熟期10月。

大粒皂角

推广人简介

项兆顺　又名项华融，男，1962年1月生，山东省潍坊市潍城区望留街道大项家村人。大专学历。1982年参加工作。1997年2月起，担任潍坊市符山林木繁育场场长兼潍城区林业局副局长。1999年8月，担任潍城经济开发区副主任兼北关街道办事处副主任。2002年1月，担任潍城区委农工办副主任至今。现发展有350多亩的皂荚树，被称为"皂角树大王"。

作者与"皂角树大王"项华融先生
（左）在皂角基地合影

⓫ 变色龙须柳

Salix spp.

杨柳科柳属。落叶乔木，高达20米。树冠圆卵形或倒卵形。树皮灰黑色，纵裂。枝条扭曲向上，夏季枝条淡黄偏绿，无毛，枝顶微垂，无顶芽。叶互生，披针形至狭披针形，先端长渐尖，基部楔形，缘有细锯齿；叶背有白粉。托叶披针形，早落。雌雄异株，荑荑花序。适应于东北、华北、黄河流域、西北及长江流域各省区。环境适应性强，栽培简单，是优良的绿化树种。

推广人简介

孙柏禄　男，1980年生，宁夏银川市人。2000年毕业于宁夏防沙治沙大学。2000年至2010年，就职于宁夏贺兰春园林有限公司，负责种苗生产销售。2011年起，注册成立宁夏昊泽绿业生态产业发展有限公司，任公司总经理。2013年，推出北方冬季观赏彩枝树种'变色龙须柳'。2014年，投资2100万元建设西北精品苗木基地1600余亩。2017年，组建昊泽绿业西北苗木供应团队。2018年，启动合伙制，组建苗木产业生产供应平台。近年来，率先在西北地区开发，生产出批量的金叶榆和太阳李等多种造型树，受到市场欢迎。

孙柏禄先生与他的变色龙须柳

⑫ 枫杨

Pterocarya stenoptera

胡桃科枫杨属。落叶大乔木，高达30米。又称大叶柳、大叶头杨树。枝干挺拔，幼树树皮平滑，浅灰色；老时深纵裂。小枝灰色至暗褐色，具灰黄色皮孔。叶多为偶数或奇数羽状复叶，长8~16厘米，叶柄长2~5厘米；长椭圆状披针形，长约8~12厘米，宽2~3厘米，顶端常钝圆或稀急尖，基部歪斜。翅果呈串状，别致、美丽。分布于陕西、河南、山东、安徽、江苏、浙江、江西等地。树干挺直，树冠浓郁，叶色碧绿可爱，耐涝、耐干旱，少病虫害，是北方地区街道、绿地、庭院绿化的优良树种。

种植在青岛市区的枫杨

推广人简介

于程远先生和他的枫杨种苗基地

于程远 男，1963年生。山东省莱阳市人。1986年毕业于山东农业大学，从事苗圃育苗、园林设计和施工30余年。对园林绿化设计施工具有一定的见解和经验，对苗木培育有一定创新。对乡土树种研究开发多年，成功推出枫杨和锦叶栾等新优乡土树种。

⑬ 红盛紫薇

Lagerstroemia spp.

千屈菜科紫薇属。落叶灌木或小乔木。树干光滑，树皮灰褐色；小枝纤细。叶互生或有时对生，纸质，椭圆形、阔矩圆形或倒卵形；幼时绿色至黄色，成熟时或干燥时呈紫黑色。种子有翅，长约8毫米。花玫瑰红色，花瓣6，皱缩。花期6～7月，6月10日始花。本品种花穗颜色绚烂，且直立向上；生长速度快，是观花、观干、观根的盆景良材。紫薇根、皮、叶、花皆可入药。

6月份起现花的红盛紫薇

推广人简介

右为侯伯鑫先生

　　王柏盛　男，1949年生。浙江省嵊州市人。高级园艺师，从事苗木生产经营40余年。2013年，被中国花卉报评为十大苗木经纪人。他是浙江省花协花木经纪人分会副会长。多年来，注重优良品种选育，已选育优良乡土树种3个，其中红盛紫薇入选全国优秀乡土树种。另外两个其他紫薇新品种权国家林业和草原局新品种办公室已受理。

13

⑭ 红叶椿

Ailanthus altissima 'Hongye'

苦木科臭椿属。落叶乔木。高约20米。是臭椿的一个变种。树干端直，树冠圆形，枝条顶部新生叶片呈鲜艳的紫红色。叶子硕大，春季全树叶片均呈紫红色。花期5~6月。5月中旬后叶子颜色逐渐从紫红色变为棕红色，再变为棕绿色，直至6月中旬以后才完全转变为深绿色。秋季，果实青色。耐寒、耐旱、耐土壤贫瘠（不耐涝）、耐盐碱土壤、抗二氧化硫等有害气体。树龄长，是良好的观赏树种。

侯跃刚先生在苗木展会

推广人简介

侯跃刚　男，1974年生。山东省临朐市人。现任潍坊市润丰绿化苗木基地经理，从事绿化行业近20年。

2008年创立潍坊市润丰绿化苗木基地，现有土地400亩，主要以红叶椿和高杆染井吉野樱花为主打品种。基地自成立以来，就提出"产品精品化，管理科学化，生产标准化"的口号，在苗木繁殖、培育、管理、推广上下足功夫，并致力于把基地打造成山东最大的红叶椿繁育基地和全国红叶椿标准化生产基地。经过几年的努力，该基地红叶椿品种已成为知名品牌。于2015年12月荣获第三届全国十大新优乡土树种推广奖。2016年9月，该基地红叶椿品种荣获2016中国（昌邑）北方绿化苗木博览会优良经济林金奖。2018年1月，该基地成为中国北方椿树联盟常务副会长单位。

⑮ 花木蓝 吉氏木兰

Indigofera kirilowii

豆科木蓝属。落叶花灌木。树
冠丰满，高约1～2米。幼枝有棱，
嫩枝为鲜红色。叶翠绿，羽状复叶
长6～15厘米。花紫红色，深秋挂
满豆荚，扁长圆形。花木蓝耐盐
碱，耐干旱，耐严寒，适应地域范
围广。分布于吉林、辽宁、河北、
山东、江苏（海州）等地。既可孤
植，也可大片的群植。

5～9月，花开不断的花木蓝

10月中下旬，花木蓝的种子成熟了

推广人简介

作者在青州博绿园艺场与场长魏
玉龙先生（左）合影

魏玉龙 男，1968年生。山东省青州市人。2012年潍
坊教育学院经济管理系毕业。1997年起，从事园林绿化工程
和苗木花卉种植经营。2000年，开发丝棉木嫁接胶东卫矛、
扶芳藤、北海道黄杨常绿树。2002年发现乡土树种'花木
蓝'，并驯化培育成功，得到业内专家肯定和表扬。现已初
具规模并推向市场，得到广泛应用。

目前，培育的丝棉木新品种'金玉满堂'，正在申请国
家林木新品种登录。

⑯ 锦叶栾

Koelreuteria paniculata 'Jinye'

栾树科栾树属。落叶乔木。是北京栾的变种。树皮灰褐色，多分枝，尢顶芽。奇数羽状复叶互生；小叶7~15枚，卵形或卵状椭圆形，有不规则粗齿或羽状深裂。叶色4月初初出芽时呈淡玫瑰红色；展叶后转变为黄里带红；到夏季叶子为金黄色。蒴果，三角状卵形，顶端尖。8~9月份果实成熟，成熟时黄褐色。适宜华北、西北广大地区栽培，适应范围广，是庭院、街道绿化的优良新优品种。

16

推广人简介

　　于程远　男，1963年生。山东省莱阳市人。1986年毕业于山东农业大学，从事苗圃育苗、园林设计和施工30余年。对园林绿化设计施工具有一定的见解和经验，对苗木培育有一定创新。对乡土树种研究开发多年，成功推出枫杨和锦叶栾等新优乡土树种。

于程远在锦叶栾繁殖基地

⑰ 糠椴

Tilia mandschurica

椴树科椴树属。落叶乔木。高约20米。树冠广卵形至扁球形。树皮暗灰色，有浅纵裂。当年生枝黄绿色，密生灰白色星状毛。叶互生，圆心形，长8～12厘米，宽7～11厘米，先端钝尖，基部稍偏斜，边缘粗锯齿，齿端呈芒状；叶面疏生毛，叶背面密生淡灰色星状毛。聚伞花序，下垂，长6～9厘米，花7～12朵；花黄色，径约1.5厘米。花期6～7月。分布于东北、河北燕山、北京西山、山东崂山及江苏等地。是行道树优良的树种。

糠椴花

果实

糠椴苗木

推广人简介

李运君先生（左）在和其他同志一起考察糠椴大树

李运君　曾用名李荣桓，男，1964年生。山东省青岛市即墨人。研究生毕业，从事苗木研究事业20余年。青岛静琳榉树园总经理。该园为青岛市苗木协会会长单位。此外，还是全国十佳苗圃、全国优秀苗木经纪人联盟成员单位，雄安新区造林工程优质供应商。

静琳榉树园苗木分别种植在青岛和安徽滁州，总面积为2018亩。始终坚持繁育乡土树种，十余年的精心优选和匠心繁育，现已成为全国知名的规模化、标准化和品牌化优质乡土树种繁育示范基地。主要优势苗木品种有椴树、光叶榉、北方朴树、美国红栎、七叶树、日本厚朴、榭树等优良乡土树种。园区内培育苗木均为原冠苗，达到一级苗标准，且经过2～4次移植，冠型匀称、树形统一，根系完整、生长健壮，绿化工程栽植成活率高，维护成本低，景观效果甚佳。

18 流苏树

Chionanthus retusus

　　木犀科流苏树属。落叶灌木或乔木。树形高大优美，枝叶茂盛。单叶对生，叶片椭圆形或长圆形，全缘，近革质。初夏满树白花。花期6～7月。分布很广，山东、甘肃、陕西、山西、河北，以至华南地区的云南，几乎都有分布。可以独立出现在园林绿化中。

高大美丽的流苏树

推广人简介

　　李鸿乾　男，1968年生。山东省郯城县人。大学学历，园艺系专业。风景园林工程师。现专业从事流苏树种植和流苏新优品种研发工作。拥有1000多亩大规格的精品流苏树苗圃。近几年，研发出多个流苏树新品种，被流苏树行业爱好者亲切称为"中国流苏第一人"。

李鸿乾先生在他的流苏基地

⑲ 玫瑰木槿

Hibiscus syriacus

锦葵科木槿属。小乔木或小灌木。夏季开花。又称美女花、无穷花、朝开暮落花。高3~4米，小枝密被黄色星状绒毛。叶菱形至三角状卵形，长3~10厘米，宽2~4厘米，具深浅不同的3裂或不裂，先端钝，基部楔形，边缘具不整齐齿缺。木槿花单生于枝端叶腋间，花萼钟形；花朵色彩有纯白、淡粉红、淡紫、紫红等，花形呈钟状，有单瓣、复瓣、重瓣几种。玫瑰木槿为重瓣木槿。花期7~10月。在安徽、江西、浙江、江苏、山东、河北、河南、陕西等省区，均有栽培。耐高温，是作自由式生长花篱的极佳植物，适宜布置道路两旁、公园、庭院等处，可孤植、列植或片植。

推广人简介

朱永明先生

朱永明 1956年生，山东省德州市临邑县人。大专文化，德州双丰园林绿化工程有限公司创始人。20世纪80年代中期起，开始种植月季，此后转为绿化苗木。大约十年前，他把公司的拳头产品定位于玫瑰木槿，发展面积为1080亩。目前，大小规格的木槿有20多万株（独干和丛生），为全国最大的木槿繁育基地。

19

20 丝棉木 白杜、明开夜合

Euonymus maackii

卫矛科卫矛属。落叶小乔木或灌木。高6~8米。树冠圆形或卵圆形。幼时树皮灰褐色、平滑；老树纵状沟裂。二年生枝四棱，每边各有白线。叶对生，卵状至卵状椭圆形，先端长渐尖，基部近圆形，缘有细锯齿；叶片下垂，秋季叶色变红。聚伞花序，花4数，小花白绿色。秋果，成熟后果皮颜色为玫瑰红。分布广，北达黑龙江，南到长江流域。生长于山坡林缘、山麓、山溪路旁。喜光，稍耐阴，耐寒，对土壤要求不严。耐干旱，也耐水湿，以肥沃、湿润而排水良好之土壤生长最好。是行道树和庭院树非常优良的乡土树种。

齐晖农业丝棉木基地一角

推广人简介

孙洪峰先生在丝棉木前

孙洪峰 男，1971年生。河北省邱县人。具有20余年的园林管理经验，河北齐晖农业科技有限公司总经理。公司占地面积3000余亩，公司主打拳头品种——高杆丝棉木。落叶晚，发芽早，是丝棉木的最大特点。它的景观效果已接近常青树的绿化功能。公司实行标准化种植，用工全部为周围村庄留守人员，带动周围百姓致富。共同将公司园区打造成一个天然氧吧，集养生、旅游、休闲观光于一体的现代示范园区。

㉑ 黄连木

Pistacia chinensis

漆树科黄连木属。落叶乔木。树冠浑圆，高达25～30米。树皮裂成小方块状。小枝有柔毛，冬芽红褐色。偶数羽状复叶互生，小叶5～7对；小叶披针形或卵状披针形，长5～8厘米，全缘。早春嫩叶红色，秋深后叶子变成深红或橙黄色。花小，单性异株，无花瓣；红色的雌花花序。核果球形，鲜嫩时红色，成熟后为铜绿色。枝叶繁茂而秀丽，耐旱、耐涝、耐瘠薄，是城市及风景区的优良绿化树种。在中国黄河流域至华南、西南地区均有分布。适宜作庭阴树、行道树及山林风景树。植于草坪、坡地、山谷或于山石、亭阁之旁配植。

黄连木的秋色

黄连木种子

黄连木小苗

推广人简介

人称"苗王"的王振章先生在黄连木前

王振章 1966年生。河南省安阳市人。学历为大学本科。安阳市殷都区林业局工作。安阳是黄连木的集中分布区和主产区，具有独特的发展资源优势。从2007年起，他就开始带领他的团队致力于黄连木采种、优选、繁育、栽培和利用研发。承担了中国林业科学研究院黄连木栽培试验研究、河南省优质林木种苗培育等项目，得到吴志庄、张博林、宋宏伟等研究员指导。先后培育优质苗木300余万株，为徐州山地绿化、北京百万亩造林、河南林业生态省、森林重庆等做出了有益贡献，在国内赢得良好评价。

㉒ 北京红樱花

Cerasus spp.

蔷薇科樱属。落叶乔木。是在太行山中发现的一个野生树种，也称京红樱花。树皮灰色，小枝淡紫褐色，被疏柔毛。叶片椭圆卵形，叶色浓绿，比普通樱花叶子厚。叶长5～12厘米，先端渐尖或骤尾尖，基部圆形，稀楔形，边有尖锐重锯齿，齿端渐尖。花红色，重瓣，属于早花品种，花期3月。能耐零下十几摄氏度的低温，长势快，年生长量有2厘米多，比晚樱长势要迅速。病虫害少，管理粗放。适于列植、丛植或庭院观赏。适合华北、北京地区栽培观赏。

推广人简介

苗胜利 男，1967年生。河南省新乡市长垣人。大专文化。河南省苗源农林绿化有限公司董事长。从事园林绿化和苗木种植20多年。2006年发现红樱花，开始做樱花新品种的选育、引进、繁殖（已交国家林业和草原局申报植物新品种6个），及其他彩叶苗木新优品种开发。其中北京红樱花(京红早樱)最为突出，现已成为樱花界中最美的一颗璀璨明珠！现在在河南长垣县种植红樱花2000余亩，樱花品种20多个，经营以樱花种植、旅游、观光、园林景观设计为主。

瞧，苗胜利先生在北京红樱花前多么兴奋

㉓ 彩叶豆梨

Pyrus calleryana

蔷薇科梨属。落叶乔木。是一种季相性的彩叶树种。株高可达3~5米；树冠倒卵形，冠幅4~9米。小枝幼时有绒毛，后脱落。叶片革质，椭圆形，顶端渐尖，基部宽楔形至近圆形，边缘有细钝锯齿，两面无毛。初春叶色由深绿变为绿色；到深秋叶片变成亮红色或深红色。先花后叶。花白色，花期4月。果期8~9月。豆梨为原产我国的乡土树种，一般用于做西洋梨的嫁接砧木。本品种为美国引种后培育的彩叶树种，现已栽培于河北、青州、北京等地，是园林绿化中优良的彩叶树种。

彩叶豆梨　　　　　　　　　　　彩叶豆梨果实

推广人简介

李茂菊　女，1981年生。山东省青州市人。青州德利农林有限公司销售经理，技术总监。2004年起，公司引进大量国外品种，建有苗圃6000余亩，共有4处基地。公司经过十几年的发展，在国外苗木引种驯化方面积累了丰富经验，筛选出多个优良品种。其中彩叶豆梨、挪威槭系列、红枫秋日梦幻、红灯十月光辉、北美灌木玉兰、北美丁香、火焰卫矛等生长适应性、观赏性非常好。做了大量扩繁，受到专家及园林工作者高度评价，丰富了园林植物的色相及季相变化，推动了彩叶苗木产业的发展。

24 车梁木

Cornus walteri

　　山茱萸科梾木属。落叶乔木。高可达12米余。树皮纵向有裂纹。单叶对生，椭圆形，长4~9厘米，宽3~5厘米，叶全缘。伞房状聚伞花序顶生，花小，直径10毫米，淡黄色，有香气。花期5月。果球形，黑色，果期9~10月。较耐干旱瘠薄，不择土壤，深根性。北到吉林，西到青海，南到云南都可生存。本种是木本油料植物，果实含油可达27%~38%，供食用或作高级润滑油，油渣可作饲料和肥料。

推广人简介

　　郑贵胜　男，1953年生。山东理工大学退休干部。由于父辈的影响和本人的兴趣，在北京市园林科学研究院丛日晨博士的大力推介下，从2006年开始，从鲁中山区采种培育车梁木。本着注重品质，培养精品的基本理念，十几年来培育车梁木万余株。2015年，车梁木被苗木中国网评选为十大新优乡土树种，并产生很好的社会影响。近年来先后被北京和天津等园林绿化部门及雄安新区等城市选中并采购，其良好的品质受到广泛的社会赞誉。

㉕ 丝棉木 '金太阳' <small>白杜、明开夜合</small>

Euonymus maackii

卫矛科卫矛属。落叶小乔木或灌木。普通的丝棉木主要是秋季果实红了时似红花满树，观赏价值很高。'金太阳'是近年选育出的一个彩色新品种，除了秋季可观果，平时还可观金黄的叶色，冬季则可观红彤彤的枝条。高6～8米，树冠圆形或卵圆形。小枝细长，红中带白混合色，无毛；落叶后，枝条由浅灰色变为黄中有红的复色。叶对生，卵状，先端长渐尖，基部近圆形，缘有细锯齿；叶片下垂。春秋，叶子金黄色。生长速度快，多栽培于青州、华北、东北等地。是园林绿化中优良的彩叶树种，可用于庭院种植、公园、行道树、街旁绿化。

夏日的丝棉木'金太阳'

冬日雪后的丝棉木'金太阳'

推广人简介

作者与李高峰先生（左）和翟慎学先生（右）

翟慎学 男，1962年生。山东省淄博市淄川人。大专文化，高级农艺师。淄博市川林彩叶卫矛新品种研究所所长。从事林果专业35年，在卫矛科植物新品种的选育、引进、繁殖(已申报国家林业局卫矛科植物新品种8个)，及果树新优品种的开发、丰产型和观赏型文冠果的选育、曼地亚红豆杉综合性技术研究等方面做出了贡献。先后被评选为"全国科普惠农兴村带头人""山东省农村科技大王""齐鲁乡村之星""山东省林业科技乡土专家"等国家和省市荣誉70余项。

26 金叶水杉

M.glyptostroboides 'Gold Rush'

杉科水杉属。落叶高大乔木，是水杉的一个变种。主干直立性强，树形端庄稳重，树皮红褐色。叶片在整个生长期内，均呈现出靓亮的金黄色。生长快，性强健，年高生长超过1米。适应西南、华东和华北大部分地区，可作为行道树、风景树、防风林带、孤植群植、成簇成片。

推广人简介

陈亮、胡来芳夫妇在金叶水杉基地

陈亮 男，1982年生。江苏省沭阳县颜集镇人。2005年起从事苗木经纪人工作。擅长新品种引进和推广销售，依靠沭阳本地60万亩苗木资源优势，主打经营各种花灌木、小灌木、地被草花，水生植物等本地拳头产品，远销新疆、辽宁、湖南、贵州、山西、陕西、宁夏、甘肃等十几个省市。近几年，成功引种并推广金叶水杉新优乡土树种。他的经营宗旨，是先做人，后做事。

㉗ 聊红槐

Sophora japonica 'LiaoHong'

聊红槐为国槐新品种，是从国槐栽培苗中发现的新变异类型。其花朵旗瓣为浅粉红色，翼瓣和龙骨瓣为淡堇紫色。在聊城地区，花期为7月上旬到8月中旬，较普通国槐长14天左右。夏季，聊红槐满树红花，景观新奇，甚为美丽。聊红槐的生物学和生态学特性与普通国槐相似，对气候、土壤条件的要求与槐树相同。

聊红槐种苗

聊红槐花

推广人简介

邱艳昌教授在基地现场讲解聊红槐

邱艳昌 1954年生。山东省莘县人，聊红槐（红花国槐）新品种选育人。北京林业大学研究生毕业，中共党员，聊城大学农学院教授，硕士研究生导师。参加工作以来，一直在本校任教。任教期间，先后担任园艺专业主任、园艺工程系副主任、山东聊大园林有限公司总经理、聊城大学园林研究所所长等职务。2014年11月退休。现任中国园林协会会员、山东省林木种苗花卉协会常务理事、聊城市种苗花卉协会常务副会长兼秘书长。

28 红花文冠果

Xanthoceras sorbifolium

无患子科无患子属。落叶小乔木。高可达5米。小枝褐红色粗壮。小叶对生，两侧稍不对称，顶端渐尖，基部楔形，边缘有锐利锯齿。两性花，雌花序顶生，雄花序腋生，直立，总花梗短；花瓣红色，基部紫红色，花盘的角状附属体橙黄色，花丝无毛。蒴果长达6厘米，种子黑色而有光泽。春季开花，秋初结果。广泛分布于我国北方广大地区，西至宁夏、甘肃，东北至辽宁，北至内蒙古，南至河南。观赏及油用价值极高。

瞧，开红花的文冠果该有多么绚烂

推广人简介

翟慎学先生和他的红花文冠果

翟慎学 男，1962年生。山东省淄博市淄川人。大专文化，高级农艺师。淄博市川林彩叶卫矛新品种研究所所长。从事林果专业35年，在卫矛科植物新品种的选育、引进、繁殖(已申报国家林业局卫矛科植物新品种8个)，及果树新优品种的开发、丰产型和观赏型文冠果的选育、曼地亚红豆杉综合性技术研究等方面做出了贡献。先后被评选为"全国科普惠农兴村带头人""山东省农村科技大王""齐鲁乡村之星""山东省林业科技乡土专家"等国家和省市荣誉70余项。

28

29 直立蔷薇

Chamaerhodos erecta

蔷薇科蔷薇属。直立灌木，是嫁接月季树的优良砧木。高2米多。主干直立，小枝圆柱形，通常无毛，有短、粗稍弯曲皮束。奇数羽状复叶，小叶5～9枚，小叶片倒卵形、长圆形或卵形，长1.5～5厘米，先端急尖或圆钝，基部近圆形或楔形，边缘有尖锐单锯齿，稀混有重锯齿，上面无毛，下面有柔毛。喜阳光，亦耐半阴，较耐寒、耐干旱、耐瘠薄。

推广人简介

李海根先生在他的直立蔷薇基地里的近照

李海根 男，1949年生。江苏省苏州市人。1971年入伍。在部队期间就是业余园艺爱好者。转业后一直在上海市的公园里工作，成为菊花培育高手。2002年退休后，入职上海菊源花卉技术开发有限公司，2005年在上海市奉贤区创立上海市海根花卉有限公司。他先是在菊花栽培和树状菊花选育上获得多项专利。之后又扩展到月季领域，专门培养树状月季。他在上百种蔷薇中选育直立性好的蔷薇，为杂交月季树打下了良好基础。同时，他在立体花坛制作等方面也颇有成就。

㉚ 紫椴

Tilia amurensis

椴树科椴树属。落叶乔木，高20～30米。树皮暗灰色，纵裂，成片状剥落。二年生枝紫褐色。单叶互生，阔卵形或近圆形，边缘具不整齐锯齿。聚伞花序，黄色，香气扑鼻。果近球形。花果期为6～9月。萌蘖性强，抗烟、抗毒性强，虫害少，不翘不裂。自然分布于我国东北地区。花入药，是蜜源植物。

紫椴花

紫椴种苗

推广人简介

作者与朱绍远先生（左）

朱绍远 男，1955年生。山东省昌邑市人。现任昌邑远华园艺有限公司董事长兼总经理、昌邑市花木场总经理、青岛市苗木协会副会长、山东省苗木协会副会长。现有苗圃2300亩。2004年荣获"山东省十佳苗圃"，2006年被评为"全国十佳苗圃"。他本人先后被潍坊市、昌邑市评为绿化苗木先进个人，并于2002年度被《中国花卉报》评为全国苗木界十佳新闻人物，2004年被评为潍坊市劳动模范。

2016年，受东营市垦利区政府的大力邀请，投资1000余万元在黄河边的河道清淤沙地上建起1000多亩的大型公园式苗圃，改善了周边环境，稳固了风沙，提供了景色优美的休闲公园，为当地的民生做出了贡献。同年，针对紫藤在绿化应用上的空白，成立紫藤研究所，发展日本紫藤共29个品种，将紫藤的推广和应用作为公司的主要发展方向之一。如今，他的女儿朱腾已经成为他的得力助手。

㉛ 北野梓树

Catalpa ovata

紫葳科梓属。落叶乔木。高约15米。是濮阳北野科研团队经收集、对比试验、观察选育出来的新优品种。树冠优美，树皮光滑，干性好，枝叶紧凑。叶子大，比常见的梓树大1～2倍。春夏花为黄色，荚果。长势快，是普通梓树的3倍，年高生长2.4～2.6米，几乎没有病虫害。已引种于承德、河北、东北牡丹江、西北六盘水等地。可作行道树、绿化树种。嫩叶可食；根皮或树皮、果实、木材、树叶均可入药剂。

推广人简介

李培建先生

李培建 男，1970年生。河南省濮阳市华龙区孟轲乡人。大专学历。1991年10月参加工作，濮阳市翔龙工程建设集团就职至今。2012年自建苗圃150亩，成立华龙区鸿坤农民种植专业合作社，担任公司法人。2015年成立北野乡土树种科技有限公司，担任公司法人。公司成立后扩建苗圃800亩，负责绿化栽植、养护等技术工作至今。苗木生产注重新优乡土树种。2017年7月，取得园林园艺师职业资格证书。从事园林绿化工作将近15年，对园林树木的规划设计、绿化施工、栽植养护、资源分布、苗圃管理积累了丰富的实践经验。2016年5月，参加濮阳苗木人自发组织的濮阳市苗木协会，担任副会长。濮阳市园林绿化行业协会筹备期间，和其他发起人一起做了大量的工作。

32 丛生白蜡树

Fraxinus chinensis

32

木犀科梣属。落叶丛生小乔木。高达6米，冠径4～5米。树干光滑，没有粗糙的树皮。枝叶浓密，枝条为浅白色。奇数羽状复叶，对生，叶通常7～9枚，近革质，椭圆形，先端渐尖或钝，基部宽楔形，缘具不整齐。中秋后，叶色变为深黄色。分枝能力强，长势旺盛，扩冠能力强。多用于庭院、公园、道路、街旁绿化。

推广人简介

邱炳国 男，1977年生。山东省聊城市冠县人。1994年毕业于泰安市林业学校，高级工程师、高级农艺师。从事园林苗木业20余年，现任山东省东营市丛生苗木种植有限公司总经理，苗木种植面积3000余亩，主要种植耐寒、耐旱、耐涝、耐盐碱的丛生高档树种。白蜡系列诸如：中国丛生白蜡、圆蜡、绒毛白蜡等。他奉行的宗旨是：质量第一，信誉第一。

作者与邱炳国先生（右）在丛生白蜡基地合影

㉝ 玉兰‘娇红 1 号’

Magnolia wufengensis ‘Jiaohong 1Hao’

木兰科木兰属。落叶乔木。是红花玉兰中的一个自然原生品种。高15～20 米。叶先端圆宽。花被片9片，内外花被深红色。性状稳定，喜光，较耐寒，可露地越冬。爱高燥，忌低湿，渍水易烂根。喜肥沃、排水良好而带微酸性的砂质土壤，在弱碱性的土壤上亦可生长。在冬季低温在-20℃以上的地区都可以种植。生长速度优于普通玉兰品种。是庭院、街旁绿地、公园等绿化中观赏价值极高的新优品种。

推广人简介

作者与杨树人先生（左）和李承荣先生（右）

李承荣 男，1975年生。湖北省五峰人。大学学历。2010年9月创办了湖北众森生态林业股份有限公司。是北京林业大学红花玉兰产学研联盟核心成员。

2010年，他正式接触红花玉兰之后，便专注于北京林业大学马履一教授研发团队的红花玉兰成果转化及繁育推广，成为将五峰红花玉兰正式推向市场的第一人。在他的带领下，众森公司经过8年的发展，已经成为全国规模最大、最专业的单品五峰红花玉兰‘娇红1号’的核心繁育和推广中心，并在河南、河北、山东、江苏等省建立了合作基地。公司现拥有‘娇红1号’‘五红玉兰’等品种专利。

34 金丝吊蝴蝶 金线吊蝴蝶

Euonymus schensianus

卫矛科卫矛属。落叶乔木。正式中文名为陕西卫矛。为秦岭、大巴山等地区特有的乡土树种。高近3米，枝条稍带灰红色。叶薄纸质至纸质，披针形或窄长卵形，长4~7厘米，先端急尖或短渐尖，边缘有纤毛状细齿。花序长大细柔，多数集生于小枝顶部，形成多花状；每个聚伞花序具一细柔长梗，长4~6厘米；花梗顶端有5数分枝，中央分枝一花，长约2厘米；内外一对分枝长达4厘米，顶端各有一三出小聚伞；花瓣4片，黄绿色，直径约7毫米。蒴果方形或扁圆形，有翘立的四角。蒴果会由绿变红，随气温降低，逐渐变成玫瑰红色。整个果序犹如许多丝线掉起的小蝴蝶，具有很高的观赏价值。喜光，稍耐阴，耐干旱，也耐水湿，产于陕西、甘肃南部、四川、湖北、贵州。园林中可作庭院观赏树种，孤植或制作树桩盆景。

金丝吊蝴蝶花开

推广人简介

作者与李高峰先生（左）和翟慎学先生（右）

李高峰　男，1973年生。陕西省蓝田县人。高级园艺师、蓝田县大唐苗木种植园总经理。2008年起开办网站和论坛，开始宣传推广金丝吊蝴蝶。2012年注册成立蓝田县大唐苗木种植园。2014年1月至2016年7月，在杨凌职业技术学院函授学习园林技术专业。2017年1月应邀参加蓝田县县委、县政府召开的"蓝田县乡贤代表大会"并被授予"蓝田乡贤"称号。现任蓝田县苗木花卉商会理事，蓝田县工商联会员代表，蓝田县创业联合会副会长等社会职务。

㉟ 楝树 苦楝

Melia azedarach

楝科楝属。落叶乔木。高10～20米。树皮暗褐色，纵裂。老枝紫色，有多数细小皮孔。叶为2～3回奇数羽状复叶，长20～40厘米；小叶对生，卵形、椭圆形至披针形，边缘有钝锯齿，幼时被星状毛，后两面均无毛。圆锥花序约与叶等长，无毛或幼时被鳞片状短柔毛；花芳香；花瓣淡紫色，倒卵状匙形。花期4～5月。核果球形至椭圆形，果期10～12月。喜温暖、湿润气候，喜光，不耐庇阴，较耐寒，华北地区幼树易受冻害。耐干旱、瘠薄，也能生长于水边，但以在深厚、肥沃、湿润的土壤中生长较好。生于低海拔旷野、路旁或疏林中，已广泛引种栽培。

推广人简介

李志斌先生在楝树繁殖基地

李志斌 男，1958年生。研究员。近20年来致力于高山杜鹃等特色林木花卉及乡土树种种质资源收集、开发及其现代化配套繁育栽培技术研究工作。现为国内特色花卉高山杜鹃现代化栽培技术研究工作的学术带头人。自主研发的高山杜鹃技术已取得授权发明专利6项，省市科技进步奖6项，专利发明奖2项，及多项学术展览奖。为2011中国花木产业年度十大人物之一，河北省政府特殊津贴专家，石家庄市有突出贡献的中青年专家，中国花卉协会杜鹃花分会副会长，河北省花卉协会副会长，全国花卉咨询专家，河北省农业技术服务高级专家，石家庄市科技领军人物等。获得杜鹃花栽培技能大师、从事花木事业30年终身成就奖等荣誉称号。

近10年来，着力于新优乡土树种的选育研究，已繁殖出了50亩地的优质楝树种苗。

白霄霞 女，1980年生。农艺师。自2002年起从事特色林木花卉及乡土树种种质资源考察、收集及现代化配套繁育栽培技术研究和景观规划设计及施工管理工作。2010年11月曾通过国家公派留学，到比利时根特大学进行进修学习。进行园林设计并施工管理的项目获得河北省园林绿化优质工程。作为主要研发人员，已取得授权发明专利6项，省市科技进步奖6项，专利发明奖2项及多项学术展览奖。是石家庄市有突出贡献的中青年专家、石家庄市市管拔尖人才、中国花卉协会杜鹃花分会常务理事。

36 白桦‘热恋’

Euonymus schensianus

桦树科桦树属。落叶乔木。高25米，树干直立，树皮光滑细腻，白色。单叶互生，叶边缘有锯齿。花为单性花，雌雄同株，雄花序柔软下垂，先花后叶。果实扁平且很小，翅果。‘热恋’为白桦的耐高温品种。能耐30多摄氏度高温，解决了白桦只能在寒冷地区或高山上生长，不能在广大华北地区城乡绿化中应用的问题。在园林中可孤植、丛植于庭园、公园的草坪、池畔、湖滨或列植于道旁。

刚出营养杯的‘热恋’白桦幼苗

‘热恋’白桦种苗

推广人简介

胡爱章女士

胡爱章 女，1970年生，山东省青岛市崂山人。北京大学EMBA学历。1989年7月至2002年，任职海尔集团质量检测公司质量科长。主要从事产品、零部件的质量检测。2002年10月至2014年12月，任苏州枫彩生态农业科技集团有限公司副总裁，主要负责生产及运营。2015年6月9日起，加入青岛华盛绿能农业科技有限公司，负责苗木事业部，荣获"2015感动花木业十大人物"奖。2016年6月份起，以事业合伙人身份成立青岛彩盛农业科技有限公司，同年11月担任苗木花卉产业链负责人，全面负责花卉苗木产业链搭建及生产种植。现任青岛彩盛农业科技有限公司总经理。基地总面积2万余亩，致力于彩盛冬青、耐热白桦、常绿灌木冰铃花、火凤凰南天竺、皇后南天竺、木香、小桃红南天竺、圆锥绣球、红皮紫薇、花木蓝、地被玫瑰、美枫秋火焰等新优树种的繁育和推广，并取得了多项发明专利。

㊲ 水榆花楸

Sorbus alnifolia

蔷薇科花楸属。落叶乔木。高可达 20米。小枝圆柱形，具灰白色皮孔，二年生枝暗红褐色，老枝暗灰褐色，无毛。叶片卵形，长5~10厘米，宽3~6厘米，先端短渐尖，基部宽楔形至圆形，边缘有不整齐的尖锐重锯齿，有时微浅裂，叶脉卵形，有成规则的皱纹。叶色秋季由绿变红。复伞房花序较疏松，有小花6~25朵，复伞房花序花色洁白，花瓣卵形或近圆形，先端圆钝。花期5月。果实椭圆形，熟时红色，果期8~9月。广泛分布于我国温带气候区，常生于山坡或山谷杂木林内。在黑龙江、吉林、辽宁、河北、河南、陕西、甘肃等地区均有栽培。耐阴，抗寒力强，以砂质壤土为好。多栽培于村庄附近及公路两旁。是春可观花，秋可观叶、观果，风景美丽，是城乡绿化的新优乡土树种。

10月中秋之后的水榆花楸

水榆花楸的小苗

推广人简介

杨锦先生在拍照水榆花楸

　　杨锦　男，1957年生。本科学历。荣成市东林苗木种植专业合作社董事长。2011年开始，着力于开发名优乡土树种玉玲花（野茉莉），在当地建立了1000多亩玉玲花示范标准基地，带动了周边农民上百户增收。2017年，杨锦被山东省林业厅、山东省工商业联合会、山东省光彩事业促进会，授予"山东省光彩事业国土绿化贡献奖"荣誉。2018年开始，重点推广水榆花楸。

38 无絮红丝垂柳

Salix

　　杨柳科柳属。落叶乔木。柳树为我国乡土树种，本品种为美国引种后培育的红枝新品种。本种苗都是雄株，无飞絮，为红丝柳树的无性繁殖苗。树冠倒广卵形。枝条红色，柔软，密而细长下垂，长可达5米。叶狭长披针形至线状披针形，8～16厘米，先端渐长尖，缘有细锯齿，表面淡绿色，背面银白色。抗逆性强，耐瘠薄，能耐零下40摄氏度的低温和45摄氏度的高温。可植于河提、湖畔、池边，亦可作为行道树、庭荫树、固岸护堤树种和平原绿化树种。

推广人简介

　　王长江　男，1969年生。河北省邢台市广宗县人。河北沃欣农业科技有限公司总经理。1990年高中毕业后任8年乡村教师。1999年开始投身农业推广工作，在全县率先引种推广'抗虫棉'，为当时解决棉花生产上"人虫大战"提供有力武器，惠及了棉农。2013年在"建设美丽中国"号召的影响下，从东北引进美国'无絮红丝垂柳'，从山东引进红花国槐，在广宗及周边县推广种植，带来了一定的社会效益。一份耕耘，一份收获。他先后获得的荣誉有："河北省农村优秀人才""邢台市乡土科技拔尖人才"，尤其是由他引进改良推广的无絮红丝垂柳，荣获全国十大新优乡土树种。

作者与王长江先生（左）合影

㊴ 新牡丹

Paeonia suffruticosa

毛茛科芍药属。落叶灌木。茎高达2米；分枝短而粗。叶通常为二回三出复叶，偶尔近枝顶的叶子为3小叶；顶生小叶宽卵形，表面绿色，无毛，背面淡绿色，有时具白粉；侧生小叶狭卵形或长圆状卵形。花单生枝顶，苞片5，长椭圆形；萼片5，绿色，宽卵形；花瓣5或为重瓣，玫瑰色、红紫色、粉红色至白色，通常变异很大，倒卵形，顶端呈不规则的波状。花期5月。分布范围广，常与芍药一起配置，观赏价值极高。

洛阳国际牡丹园，自育牡丹新品种'老君紫'

推广人简介

霍志鹏先生在繁育牡丹新品种大棚

霍志鹏 男，1957年生。河南省三门峡市陕州人。高级工程师。洛阳市花木公司总经理，洛阳国际牡丹园董事长，区政协委员。他还是中国花卉协会牡丹芍药分会常务理事、省牡丹芍药协会副会长。

霍志鹏与牡丹结缘已30多年，多次承担国家、省市科研开发项目，荣获省市科技成果多项，发表论文多篇。创建"洛阳国际牡丹园"，开拓国内国际市场。建立花木基地千余亩，带领花农致富，促进牡丹产业发展。在中国花卉博览会、昆明世博会及青岛世园会等重大花事活动中，获奖数百项，为中国牡丹城洛阳赢得了很高的殊荣。

⑩ 香李'紫水晶'

Prunus salicina 'Zi Shuijing'

蔷薇科李属。落叶小乔木。高2米左右。树形介于杯状或开裂状之间；树冠呈馒头柳形状。新芽绽放时鲜红色，到盛夏酷暑，叶色比其他李属植物发红；夏季二次修剪，新叶萌发时，叶色依然鲜红。落叶晚。果7月中旬熟透，紫红色，香气浓。栽培于河北、天津、北京、山东等地。常用于园林植物的配景。

40

'紫水晶'香李果实　　　　　　夏季二次修剪的'紫水晶'香李

推广人简介

邵凤成　男，1970年生。天津市武清人。1994年天津农学院本科毕业。现任武清植物保护中心主任，推广研究员。先后获农业部奖2项，天津市奖3项，市科技成果32项，发明专利2项。出版农业技术图书6部，发表论文60余篇。被评为天津市"十五"立功先进个人、获天津市五一劳动奖章、天津市青年科技创新标兵、天津市131创新型人才培养工程第一层次人选、天津市有突出贡献专家。被国务院授予"全国粮食生产突出贡献农业科技人员"荣誉称号，享受全国劳动模范待遇。

作者与邵凤成先生（右）

41 丛生丝棉木　白杜、桃叶卫矛、明开夜合、华北卫矛

Euonymus maackii

卫矛科卫矛属。落叶乔木。高7米左右。丛生丝棉木是丝棉木小苗平茬之后培养出来的丛生植株。树冠圆形与卵圆形。幼时树皮灰褐色、平滑；老树纵状沟裂。小枝细长，无毛，绿色，近四棱形，二年生枝四棱，每边各有白线。伞形花序，腋生，有花3～7朵，淡黄色。华北地区5月中旬开花，随后结果，9月中下旬果变红。生于山坡林缘、山麓、溪旁等地。

丛生丝棉木

已经开始变红的丛生丝棉木果实

丛生抱印槐

推广人简介

邱炳国与夫人尹凤霞在他们的丛生丝棉木前合影

　　邱炳国　男，1977年生。山东省聊城市冠县人。1994年毕业于泰安市林业学校，高级工程师、高级农艺师。从事园林苗木业20余年，现任山东省东营市丛生苗木种植有限公司总经理。苗木种植面积3000余亩。主要种植抗寒、抗旱、抗涝、抗盐碱的丛生高档树种。卫矛科植物诸如：胶东卫矛、彩叶卫矛、常绿丝棉木、彩叶北海道黄杨等。此外，还有丛生抱印槐（国槐的一种）、金叶国槐、金枝国槐、金叶皂角，及多种现代海棠等。他奉行的宗旨是：质量第一，信誉第一。

41

42 独干金银木

Lonicera maackii

忍冬科忍冬属。独木成景的小乔木。高40~50厘米，树干粗壮，向上伸展，开三四根或者五六根分杈，树冠丰满。叶纸质，通常卵状椭圆形至卵状披针形，长5~8厘米，顶端渐尖或长渐尖，基部宽楔形至圆形。花白色后变黄色，有芳香，生于幼枝叶腋。花期5~6月。果实暗红色，圆形，直径5~6毫米。果熟期8~10月。广泛分布于我国北方，南至长江流域。春夏可观花，秋冬可观果，是城市绿地的优良景观树种。

推广人简介

王艳峰先生在独杆金银木前

王艳峰 男，1976年生。河北省石家庄市藁城区人。大专学历，工程师职称，建筑业二级建造师。目前，从事苗木种植、园林绿化工程、建筑装饰工程等经营。自从事苗木工作以来，以工匠精神为指导，务实与创新并重。专业化、规模化培育销售精品独干金银木。感恩做人，敬业做事，遵守契约，诚信经营。

㊸ 火炬柳 红丝直柳

Salix 'Torch Willow'

杨柳科柳属。落叶灌木。是河北省霸州市供赢种植专业合作社与天津市木林森园艺有限公司合作培育的新品种柳树。高约1米，粗7~8厘米。株型矮，树型齐整。枝条直立，有季相性变化：叶吐翠后枝条变为绿色；初冬落叶前后，枝条逐渐变为红色；叶落后，枝条仍为红色。填补了北方冬季缺少红色彩枝树种的空白，为北方冬季观色的绝佳品种之一。常栽植于水边、道路、公园绿化中。"不谢荣于春，不怨落于秋。自有精神色，冬来我为尊"，是火炬柳最生动的写照。

垂柳嫁接的火炬柳　　　　　　　　竹柳嫁接的火炬柳

推广人简介

作者与范永锋先生（左）和纪桂军先生（中）

　　范永锋　男，1986年生。河南省渑池县人。2008年毕业于天津工商学院，后在天津大学学习并毕业。毕业后，曾在天津市津美园林公司工作，现在天津滨海创业园林工程有限公司工作。2012年起，公司在霸州建立苗圃基地霸州市供赢种植专业合作社，任总经理，并兼天津滨海创业园林工程有限公司采购总监。在建立苗圃基地过程中，本着合作共赢的发展思路。2014年起，和天津木林森园艺有限公司合作，共同推广火炬柳新品种。

43

彩　插

44 木香

Rosa banksiae

蔷薇科蔷薇属。木本芳香植物。树皮灰褐色，薄条状脱落。小枝绿色，近无皮刺。奇数羽状复叶，小叶3~5枚，椭圆状卵形，缘有细锯齿。伞形花序，花常见白色、黄色、橙色或者粉色，多瓣且花繁多。喜阳光，畏水湿，忌积水，要求肥沃、排水良好的砂质壤土。萌芽力强，耐修剪。原产于亚热带地区，不太耐寒，在华北地区越冬需要移进室内。可在淮河流域及以南地区园林中广泛用于花架、格墙、篱垣和崖壁的垂直绿化。

胡爱章女士家中的木香

推广人简介

胡爱章女士近照

胡爱章 女，1970年生。山东省青岛市崂山人。北京大学EMBA毕业。2002年10月，任苏州枫彩生态农业科技集团有限公司副总裁，主要负责生产及运营。2015年6月，加入青岛华盛绿能农业科技有限公司，负责苗木事业部。荣获"2015感动花木业十大人物"奖。2016年6月起，以事业合伙人身份成立青岛彩盛农业科技有限公司，同年11月担任苗木花卉产业链负责人，全面负责花卉苗木产业链搭建及生产种植。现任青岛彩盛农业科技有限公司总经理。基地总面积2万余亩。目前该公司已开始大批量繁殖可以用做树状月季砧木的直立木香以及可以作为园林观赏的树藤状攀援木香。

45 耐寒梅花

Armeniaca mume

蔷薇科李属。落叶乔木。是以杏树为砧木嫁接培育而出。树皮浅灰色，比杏树光滑。小枝绿色，光滑无毛，枝条比杏树来修长。叶片卵形，比杏树纤秀。花白色、粉红色，重瓣，香味浓厚。耐寒性强，能耐摄氏零下50度低温；较耐干旱，不耐涝。寿命长，可以栽为盆花，制作梅桩。鲜花可提取香精，花、叶、根和种仁均可入药。还可在庭院栽植，用于观赏。

耐寒梅花中的'单红公主'

推广人简介

作者与唐绂宸先生（左）合影

唐绂宸 男，1950年生。吉林省公主岭市人。高级园艺师，唐氏梅园农业有限公司总工程师。2000年开始，与中国工程院资深院士、北京林业大学教授陈俊愉先生合作进行抗寒梅花"三北"区域试验。历经20余年时间，梅花在东北已经完全可以露地裸树越冬。所培育的多个抗寒梅花品种，可以在长白山高海拔地区裸树越冬。在东北、西北、华北地区均已成功栽植。公司被吉林省林业厅评为"林业创新先进集体奖"，其本人被评为"公主岭好人"。在《北京林业大学学报》《北方果树》《现代园林》《中国花卉报》等报刊，发表学术论文及科普文章数十篇。

㊻ '平安'槐

Sophora japonica 'Pingan'

豆科槐属。落叶乔木。是由龙爪槐芽变而来，枝条横生向四周生长，不用年年修整，自然天成，能形成伞形大树冠。大冠乔木的高度可控制，其伞型树形亦属独特，是非常珍贵的园林景观绿化树种。羽状复叶长15～25厘米，顶端渐尖而有细突尖，基部阔楔形。芽为混合芽。圆锥花序顶生，长30厘米，花萼浅钟状，长约4毫米，花淡黄色。花期6～7月。荚果呈串珠状，长2～3厘米，种子间缢缩不明显。果期8～10月。喜光而稍耐阴，对二氧化硫和烟尘等污染的抗性较强。姿态优美，观赏价值很高，是优良的园林景观绿化树种。

推广人简介

王学坤先生近照

王学坤 男，1960年生。山东省淄博市沂源人。大学学历，中学高级教师。1981年毕业于沂源师范学校，从事初中生物教学工作至今。2000年1月，接手学校的实验示范基地的工作。在基地嫁接龙爪槐时，偶然发现了一株与龙爪槐不同的枝条。这株龙爪槐的枝条，不下垂，而是处于横生，处于"水平"状态，都向四周"水平"伸展。他请来老师、县里的老林业工作者董春跃老师。经董老师鉴定后，认为这是一个生物的芽变，有可能会是一个新的品种，应注意保护和培养。后经过几年的培育繁殖，其性状基本稳定，遂于2012年向国家林业局申报了植物新种权，并于2013年12月25日获得授权，取名为'平安'槐。

47 无刺刺槐'皖槐 1 号'

Robinia pseudoacacia

豆科刺槐属。落叶乔木。树冠倒卵形，树皮灰褐色，浅裂光滑。小枝灰褐色，无刺。羽状复叶，小叶椭圆形，长10～25厘米。花白色，有香气。花期5月。荚果褐色，果期8～9月。长势快,是普通刺槐生长量的1倍。在甘肃、青海、内蒙古、新疆、山西、陕西、河北、河南、山东等省（区）种植后均长势良好。具有抗病虫害、抗盐碱、管理粗放、生长速度快、树形优美、木材材质好等优点，可作沿海防护林、平原绿化造林、山地退耕还林树种。用于城市绿化，是替代飞絮杨柳的理想树种之一。

'皖槐 1 号'种苗

推广人简介

杨浩在他的'皖槐 1 号'扦插苗圃里

杨浩　男，197?年生。安徽省萧县人。安徽格瑞恩园林工程有限公司董事长。1994年毕业于安徽农业大学林学专业，现为林业高级工程师、园林高级工程师。多年来，致力于乡土树种的选育。2016年选育的皖槐1号良种刺槐获得省科技厅颁发的科技进步奖，"'皖槐1号'良种刺槐育苗和造林方法"获得国家专利。于2017年获宿州市劳动模范称号。

47

48 直杆乔木柽柳

Tamarix chinensis

柽柳科柽柳属。落叶乔木。高3～8米。树干通直，树皮呈深红色。老枝直立，暗褐红色，光亮，幼枝稠密细弱，常开展而下垂，红紫色或暗紫红色，有光泽；嫩枝繁密纤细，悬垂。叶鲜绿色，长圆状披针形或长卵形，长1.5～1.8毫米，稍开展，先端尖，基部背面有龙骨状隆起，常呈薄膜质；总状花序，长3～6厘米，花瓣5，粉红色。花期4～9月。耐盐碱、耐旱，护坡、固沙效果特别好。原产于我国温带地区，广泛栽培于东部至西南、西北部各省份。本种苗树干通直，别致美观，尤其适用于沿海地区滨海小区盐碱地绿化。

48

直杆乔木柽柳盛花期时，美嗨了

推广人简介

作者与张夫寅先生（左）在直杆乔木柽柳前

　　张夫寅　男，1968年生。山东省青岛市人。山东亚太中慧集团股份有限公司高级绿化总监，青岛根源生态农业有限公司董事长。培育成功直杆乔木柽柳'根源1号'。这是一个能在重度盐碱地上正常生长的乔木品种。其干直，且高，树形优美，受到专家及以"新和成"为代表的大型应用企业的高度评价。解决了重度盐碱地无需换土就可正常栽植生长的历史性难题。公司主打产品还有樱叶榆、美国大叶榆等10余种优良品种榆树，欧洲月季200余品种，萱草、鸢尾50余品种，优良桃树20余品种，紫藤10余品种和丁香10余品种。现有基地数千亩。

④⑨ 直杆榆

Ulmus pumila

榆科榆属。落叶乔木。为北方乡土树种白榆的变种。树干高耸、笔直。树冠圆球形。树皮灰绿色，光滑。小叶，椭圆状卵形或披针形，先端尖或渐尖；老叶质地较厚。花簇生。翅果近圆形。果期4～6月。速生，年粗生长6厘米。病虫害少，养护成本低。耐寒冷、盐碱，抗风沙。适合于城市绿化、平原绿化、风沙区绿化及山地造林。

这是刚刚出棚的直杆榆营养钵幼苗

3厘米粗的直杆榆苗子，2年半之后胸径长至19.6厘米

推广人简介

作者与陈明辉先生（左）在直杆榆前合影

　　陈明辉　男，1966年生。安徽省泗县人。林业高级工程师。安徽森苗园艺科技有限公司总经理。培育并推出了直杆榆、速生榆等绿化、用材兼用的新品系，为飞絮杨树找到了理想的城乡绿化替代树种。直杆榆、速生榆等产品，销往北到黑龙江、吉林，南至广东、广西，西到新疆、甘肃，东至上海、江苏等地区。直杆榆已成为安徽当地一张靓丽名片。曾受过安徽省委、省政府，宿州市委、市政府的通报表彰。在《中国林业》《安徽林业》《山东林业科技》等刊物上发表论文十余篇，荣获专利数项。

49

50 红豆杉 中国红豆杉

Taxus chinensis

红豆杉科红豆杉属。常绿乔木。中国特有种，世界珍稀濒危物种。高30米，干径达1米。叶螺旋状，基部扭转为二列，条形，略微弯曲，长1~2.5厘米，叶缘微反曲，叶端渐尖，叶背有2条宽黄绿色或灰绿色气孔带，中脉上密生有细小凸点，叶缘绿带极窄。雌雄异株，雄球花单生于叶腋；雌球花的胚珠单生于花轴上部侧生短轴的顶端，基部有圆盘状假种皮。种子扁卵圆形，有2棱，种脐卵圆形，有红色杯状的假种皮。成熟期9~11月。长势慢，一年也就长高1米左右。耐寒、耐旱、耐瘠薄。野生分布于甘肃南部、陕西南部、湖北西部、四川等地。树形美观大方，四季常青；果实成熟期红绿相映的颜色搭配令人陶醉。可广泛应用于水土保持、园艺观赏等方面，是改善生态环境，建设美丽中国的优良树种。现常用于高档的庭院绿化观赏。红豆杉还是珍贵的药用植物。

红豆杉大树　　　　　　红豆杉种苗　　　　　　红豆杉果实　　　　　　红豆杉结果枝

推广人简介

作者与罗共邦（左）和罗哲（右）

罗共邦　男，1965年生。甘肃省徽县高桥乡黑松村人。现任黑松村党支部书记、徽县共邦苗木种植农民专业合作社负责人。2000年3月，罗共邦被推选为黑松村党支部书记后，为使乡亲们摆脱贫困，他带领群众依托林区资源种植黑木耳。此后，他将苗木繁育产业定位为黑松村群众脱贫致富的主导产业，大力发展落叶松、油松等种植技术，取得育苗成功。2011年开始，他依靠科技，重点繁育红豆杉苗木，取得了很好的经济收益。目前黑松村农户每家院落及承包地都有大小不等的人工繁育的红豆杉树苗。黑松村成为甘肃著名的红豆杉育苗重点示范村。

《中国乡土树木50种
——城乡绿化新优苗木选育推介》
顾问名单

张佐双　北京市公园管理中心教授级高级工程师

刘庆华　青岛农业大学园林与林学院院长、教授、博士

刘晓菲　苗木中国网主编

田国英　石家庄市农林科学研究院院长、研究员

高捍东　南京林业大学教授、博导

朱绍远　山东昌邑远华园艺有限公司董事长兼总经理

杨　锦　山东省荣成市东林苗木种植专业合作社董事长

季国志　德州市园林绿化行业协会会长

王志彦　河北省林业技术推广总站副站长、正高级工程师

尹新彦　河北省林业科学研究院农业技术推广研究员

赵玉芬　河北省林业科学研究院教授级高级工程师

张子入　河北一森园林总工程师

刘智勇　衡水市冀州绿泽农场董事长

李荣桓　青岛市苗木协会会长

霍志鹏　洛阳国际牡丹园主任、高级工程师

胡爱章　青岛彩盛农业科技有限公董事长

刘海霞　青州市花溪园林工程有限公司总经理、高级工程师

李志斌　石家庄农林科学研究院林木花卉研究所所长、研究员

翟慎学　淄博川林彩叶卫矛研究所所长、高级农艺师

于程远　青岛市苗木协会副秘书长

邵凤成　天津市武清区植物保护中心主任、推广研究员

曹忠民　成都碧海环保科技有限责任公司总经理

陈整鸣　浙江省长兴七彩农林科技有限公司总经理、高级工程师

张士夺　河北省辛集市苗木协会会长

前　言

2018 年 5 月 29 日，初夏的北京，一个阳光灿烂、碧空如洗的好日子。

这一天，兜里装着一个手指肚大小的优盘，就把《中国乡土树木 50 种——城乡绿化新优苗木选育推介》一书的书稿，还有相关的照片，送到了北京城里的中国林业出版社，心里顿时轻松了许多。什刹海畔园艺工人修剪草坪的清香味，怪好闻的，好似是从家乡原野飘来的。在城里喝香茗、吃面茶、驴打滚、豌豆黄小吃，味道似乎也美了许多。此时，尽管离散发油墨芳香的新书尚有不小的距离，但毕竟迈出了可喜的第一步。知足也，常乐也。

我们为什么要出版《中国乡土树木 50 种——城乡绿化新优苗木选育推介》一书？说来，很简单。因为，这是一件非常有意义的工作。乡土树木，当然，是指土生土长的树木。这些乡土树种多姿多彩，高低错落，它们适应当地气候条件，管理粗放，维护成本低，是比较完美的低碳植物，也是我们城乡绿化美化中的理应首选的植物。我们的美丽中国，我们的美好家园，我们的生态环境，都离不开这些树木。

我们中国，地大物博，植物种类非常丰富。木本植物，大约有七八千种，在世界上，素有园林之母之称。我国的乡土树种中蕴藏着丰富的"绿化新品种种质资源"，是不存在异议的。但这些丰富的种质资源，在我们的城乡绿化美化中，应用得还很不充分。因此，我们从事园林苗木的科研工作者、生产者，有责任在自己的一方之地，为弘扬新优乡土植物做一点有益的工作。本书就是专门为宣介"城乡绿化乡土优良树种（含品种、栽培变种）"编写的。这也是作者对自己近年来四处奔走，大声疾呼的成效的总结。

我们这本书，介绍的 50 个乡土树木，都属于新优乡土苗木品种的范围。这些新优乡土苗木品种与已实现大规模生产和应用的常规树木，诸如悬铃木、银杏、国槐、杨树、柳树、桂花、香樟等，是截然不同的。这些新优的乡土苗木品种，都是以往栽培还不太普遍，在绿化应用中还比较少的品种。本书不仅对这50种苗木的性状进行了简单介绍，更为重要的是，对于它们是如何被选育的，如何扩繁的，乃至推广人是如何推广的过程，都有比较翔实的介绍。也就是说，这些新优乡土树木，都已经实现了规模化种苗的繁殖；有一些还实现了工程苗的要求。这些，都是极为可喜的。不然，再好的东西，倘若只处在野生状态，或者虽有人栽培选育，但只有那么几棵，形不成量，只能躲在偏僻的一隅，在园林绿化上得不到应用，不说是白搭，也差不了多少。星星之火，可以燎原。火种固然重要，但它的实际意义在于要用于燎原。

这本书也是为选育"城乡绿化乡土优良树种（含品种、栽培变种）"的"功臣们"编写的。这些人有埋头苦干的科研工作者，有默默耕耘的大学教授，还有不少名不见经传的普通苗木场主，甚至是普通苗农……他们身上没有影视明星那样的耀眼光环，口袋里没有多少傲人的资产，但是他们在市场经济的激流中奋力拼搏着，在为我们美丽中国的建设默默耕耘着。这些人就是鲁迅先生所推崇的——我们"中国的脊梁"。

一个苗木培育者，一生，哪怕推出或者参与一个新的乡土树木的绿化苗木的选育也好。在条道路上，要像海明威里的《老人与海》里的老人那样，要有不惧危险，不惧困难，坚持不懈，不捕到大鱼不罢休的精神。

革命尚未成功，同志仍需努力。在此，我们两位，一个是从事林业苗木的科研工作者，一个是宣传花木业的老兵，乐意与大家一道，在推广新优乡土树木的大道上，携手并肩，多做一点有益的事情！

借此机会，我们要真挚感谢为此书出版给与大力支持的所有的朋友们！谢谢！谢谢大家了！

初夏的中华大地，是好日子。我们的苗木业，也是好日子。丰富多彩的新优乡土植物，正在笑吟吟地向我们招手致意。

作者

2018 年 5 月 30 日，于北京

中 国 乡 土 树 木 **50** 种

目 录

CONTENTS

3

⓿ "红叶杨之父"程相军

杨树是一个兴旺的大家族，有各种各样的种和品种。

20世纪90年代末，中国兴起了一股种植杨树热，无数人加入了种植杨树的队伍。杨树热过去了，许多人又追求别的树木种植。然而，在河南省商丘市虞城县，有个细心的河南农业大学毕业的小伙子，却徘徊在种植杨树的苗圃中仔细观察。他在一棵大叶黑杨的枝杈上发现了一粒紫红色的芽子，如萤火虫那样微小。但就是这么一抹微小的自然芽变的生命，被他捕捉住了。星星之火，可以燎原。由此，从来都是绿色叶子的杨树，经他精心培育，华丽转身，旧貌换新颜，出现了全新的绚烂色彩，在春的光艳中交舞着变化。

这就是红叶杨 *Populus deltoids* 'Zhonghua hongye'。

发现这一奇迹的，改写杨树历史的，就是如今被人称之为"红叶杨之父"的程相军先生。

如今，相军先生已步入"知天命"的年龄。但他早已把自己一生的命运与杨树紧密联系在一起，与红叶杨的命运紧密联系在一起。在短短的十五六年时间里，他已成功推出了三代红叶杨：这就是2006年推出的'中红杨'，2010年推出的'全红杨'，2014年推出的'金红杨'。现在，第四代红叶杨已经选育成功，蓄势待发，准备推广。

在植树造林、绿化美化的大好春光时节，我来到了相军先生所在的豫东大地，来到了豫、皖、鲁三省交界的这片充满生机的热土，亲眼目睹了他的三代红叶杨迷人的风采。在此季节，相军先生真是忙个不停。

他开车专门到远离虞城170多公里的新乡市长垣县接的我。一路上，甚至到了虞城陪同我在基地看红叶杨的过程中，他的两部手机几乎就响个不停，不是要苗子的，就是联系装车发货的，要不然就是咨询嫁接红叶杨事宜的。其中一位要买他的种条客商，是南方的。他提醒说，他们那个地方天热得早，新叶已经长出来，不能再嫁接，

1

成活率会很低，不要买，要到 6 月份新枝再出新芽时再说，那样成活率高。他推广红叶杨，总是为他人着想，宁可不赚钱，生意不做，也不能让客户吃亏。黑心的钱是坚决不能赚的，更是不能想的。

第一代红叶杨叫'中红杨'。如今，经过近 10 多年的推广，已经在全国各地落户生根。这其中包括西藏、新疆、云南、贵州等地。我欣喜地说："全国都已经覆盖了？"他说："不能那样说，东北的黑龙江由于冬季极度寒冷，就是个空白点。"

'中红杨'，我在商丘虞城的好几条道路两侧，均已看到，最粗的有 30cm，高度一般不少于十几米。整个树冠，为靓丽的紫红色。老远望去，好似全树开成一朵花，与周围绿色叶子的树木形成了鲜明的对比。但叶子全部展开后，其品种就由紫红渐变为深墨绿色了。

第二代红叶杨叫'全红杨'。比起第一代'中红杨'，它的长势要慢，但也可以如普通杨树那样长至十几米高，只不过时间略长一些。'全红杨'最大的特点是，新叶为紫红色，然后变为浅紫红色，落叶前演变为橘红色，非常的漂亮。但'全红杨'发芽晚。在一片近 400 亩的全红杨基地里，我看到，长得齐刷刷的均有五六厘米粗的全红杨，枝条还是裸露的，嫩芽还没有拱出。

第三代红叶杨叫'金红杨'。它的叶色多变，靓丽俊美。先是鲜红色，后为橘红色，继而为金黄色，此后还有短暂的翡翠绿，但落叶前表现的是橘红色，好似舞台上的变脸那么神奇。此品种已经完全改变了黑杨高大的习性，成为小乔木。好似开花的小乔木一样，适合在高大乔木下种植，相互辉映，相得益彰。

相军告诉我：'金红杨'不大耐寒，只能适应北京以南广大地区种植。

'金红杨'由于长势较慢，新嫁接的前二三年，最好在嫁接点下留下两三个辅助枝，以帮助提供养分，促其快速生长，待树冠丰满后再将辅助枝去掉。

这三代红叶杨的树苗，都是雄株，因此种植后没有飞絮污染一说。

程先生告诉我，这十几年一路走来，经历了太多的酸甜苦辣。不过，当在祖国各地，看到红叶杨时，幸福愉悦便会如泉水般涌入心头，再多的苦，再多的泪，都值了。

2016 年 4 月 8 日晨，于河南商丘虞城

ⓞ武汉邵火生，对节树盆景大王

● 邵火生与对节树

　　全国的苗木界、盆景界，提起武汉光谷园艺工程有限公司总经理邵火生先生，几乎无人不知，无人不晓。人们一想到他，说到他，便会自然而然地把他与对节树（对节白蜡）联系在一起。他，就是对节树；反过来说，对节树就是他。二者俨然是一个人和影子的关系，密不可分。

　　对节树，中文名叫湖北梣（*Fraxinus hupehensis*），别名对节白蜡、湖北白蜡。从名字上便可看出，对节树与湖北是有直接密切的联系的。它是湖北特有的珍稀植物资源，是中国的特有种，主要分布在湖北大洪山余脉一片狭小的范围内。在植物王国中，对节树优雅俊美，天生就有王子的风范。枝条柔软；叶片椭圆，似指甲盖那般纤小，一对对，一双双，密集精巧地排列在树木上。就这么精致，就这么绝妙！

　　在发展对节树上，邵火生先生在湖北不是第一人，但他的事业干得特别大。他是20 世纪 90 年代中期开始从事开始对节树经营的。如今，他有 5 个苗木基地，总共有3000 亩，70% 都是对节树。对节树因为资源有限，树苗价值很高。他的对节树，大多都是造了型的，起码有上万株。这个规模，这个档次，全国不说名列第一，起码名列前茅，雄踞前列，是名副其实，是当之无愧的。

　　早在七八年前，他的苗圃就被评为"全国十佳苗圃"。如今，"全国十佳苗圃"6 个大字，赫然醒目，就写在他公司总部的大门口。他公司参展的对节树盆景，在全国获得过 3 个盆景金奖。很难得的。如今，他还是湖北省花木盆景协会副会长。

　　3 天前，我有幸到了他在武汉的总公司。他的公司总部在武汉市南三环路的外面。这里，属于江夏经济开发区，周围不仅有武汉高校环绕，还有武汉一个有名的湖缠绕，那就是汤逊湖。壮观、平静、美呆了的汤逊湖，离他总部园子最近的地方只有

200 多米。

刚一进入坐西朝东的园子大门，第一个感觉，也是唯一的感觉，就是震撼、震撼、惊人的震撼。

这里的园子，不是很大，只有 130 亩地。地势起伏，上上下下的，高高低低的，除了道路，一片片的，几乎全是对节树桩景。那对节树桩景可不是小树，均有四五米高。因为都是七八年前造过型的，倘若离开土壤，上了紫砂盆，棵棵都是上乘的树桩盆景。单株的，丛株，弯曲的，一样也不缺。你走进了这里，就走进了一个对节树的艺术王国，就走进了一个盆景艺术殿堂。

4

130 亩，别看面积不大，但这里无论哪一棵树，哪一个桩景，价值都有几万元或者十几万元。

在有限的土地面积上发展苗木，创造无限的经济价值，以一当百，以一当千，让含金量最大化，不是没有可能。同样是苗木，小规格的与大规格的价值无法相比；常规树种与新优乡土树种没法相比，自然形状与造型苗木更是无法相比。在差异上，在变化上，大做文章，效益就会显现了。

我认识邵火生先生，是六七年前在浙江金华举办的中国苗木节上。我们住在一个宾馆。那天，他开一辆小轿车，在院子里停下来，关上车门后，恰好与我走个对脸。

他高高的个子，略黑的面孔，看上去神清气爽。他与人交谈，未曾开口，先是露出一口洁白的牙齿，一副笑容可掬的样子。他说话、走路，都是快快的，看上去就是一个干事麻利的人。他笑着向我点了点头。我也随之笑笑，朝他点了点头。友好，从来都是双向的。

我问他：你是哪里的？他说：我是湖北的，专门搞对节树的。随手，他递给我一份宣传品。那时候，我对湖北这种特有的植物还不大熟悉，只知道可以制作盆景。但制作盆景的植物很多，多一个对节树又有什么关系呢。

此后，在一些花木活动中，只是偶尔见到邵火生。今年开春，让我产生去他那里的动力，是不久前在山东青岛市召开的苗木年会。那次，他在会议上介绍说："他从事的对节树经营，并不是光引种野生资源，更主要的是进行艺术造型；还有，从一开始就利用野生资源扦插繁殖，人工培育。我们要保护好发展好湖北特有的植物对节树，不进行艺术加工是不行的，不走人工繁殖发展的道路更是不行的。加工、繁殖，是对此树种最好的保护，是最好的利用。"

对节树形优美，易于造型。因此，他引进的对节树，还有他自己扦插繁殖的对节树，走的几乎都是造型的路子，以此提高观赏性和附加值。造型是有技巧的。他聘请的师傅，都是制作盆景的高手。根据树木的长势，因势利导，抻拉、绑扎、修剪，或培养云片式，或培养悬崖式，或培养风动式。一棵树，从加工到成型，需要七八年时间。虽然时间较长，但公司的赵经理告诉我，其经济价值至少提高 6 倍。

走艺术造型化发展之路，走规模化发展之路，行事果断，成就了今日的邵火生先生。

● 邵火生的销售经

邵火生先生的对节树经营，如今已经发展到 3000 亩。这还没算他在山东的济南、汶上和昌邑设立的 3 个对节树展示窗口。

销售，在经营中显然是重要的一环。做经营的，自然是要销售的。按照政治经济学的说法，有生产，就要有交换。倘若没有交换，生产怎么持续进行？这是正向思维。然而，有时候考虑问题不能正向思维。他的销售做法就很特别。他的特别之处就是，那么大一个公司，却不设专门的销售部门，也没有专职的业务员跑销售。呵呵，怪不怪？那么，在没有业务员的情况下，他是如何实现交换？促进对节白蜡生产发展的呢？

下面是我在他的办公室，与这位"对节树王"的一段对话：

"你这些年在对节树经营上，为什么发展那么快？又不是你一家。"

"呵呵。一个是注重产品快速开发；一个是注重培养精品，在艺术造型的桩景树上下大工夫；一个是搞好售后服务。仅此而已。"

"你忘了说一点，需要我提醒吗？"

"没有忘记说啊。呵呵，都说了，就这三点。"

"你还没有提到销售呢。你是怎么销售的，有多少销售人员？"

"哦，你是问这个问题。我没有销售人员。公司从来没有专门的销售人员。"他很坦诚。

"那你靠什么销售？"

"客户介绍。都是做过生意的客户朋友互相介绍。这几年，参加过一些苗木展会。我只做好两个环节，一个是生产，一个是售后服务。这两条做到了，你的朋友会把我介绍他的朋友。一传十，十传百。客户朋友说上一句，顶我说上十句百句。"

练好内功，拿出过硬的产品，做好售后服务。有了好的口碑，在"对节树王"邵火生先生看来，就是最好的销售，最好的营销。

　　当然，这只是武汉光谷一家的销售经。虽然不适合所有的苗木企业，但他不搞粗放型经营，把工夫做在生产上，把 夫做在为客户售后服务上，这种不是销售胜似销售的方法，还是颇为令人称道的。

邵火生先生近照

2016 年 3 月 20 日上午，于润藤斋

⓪③ 张林，笑看紫荆飞舞

紫荆飞舞，是形容紫荆花开的状态，太准确，太精彩了！

紫荆飞舞，也是河南四季春园林艺术工程有限公司销售部经理田璐女士的手机微信号。呵呵，借用过来，作了题目，很有动感的。田璐把微信号选择为紫荆飞舞，显然是与公司的主打商品巨紫荆有关。

我这次南下之行，就是要迎着春天的脚步，追赶百花盛开的春天，巨紫荆花便是我追寻的第一个对象。

我来过四季春公司巨紫荆的基地数次，但来的都不是时候，看到的都是巨紫荆肥大的叶子，每每都与紫荆花擦肩而过。

大约五六天前，公司的总经理张林先生给我打电话，问我何时到河南鄢陵，说公司鄢陵基地的紫荆花已经开放，紫荆花正在展现她优美的舞姿。我说："瞧你把巨紫荆夸奖的，巨紫荆花还能跳舞？"他呵呵笑笑说："你来看看就知道了。"我说："能不能迟上几日？"他说："紫荆花能持续半个月，没问题，我不是急于让你分享嘛！"

前天，我终于目睹了巨紫荆的风采。当时，已是黄昏时刻，柔美的太阳在西方地平线上端高悬着，妩媚的阳光洒满了中原大地。我是乘张林先生的车子，从郑州赶到鄢陵的巨紫荆基地的。快到基地的时候，手机来了一则微信，需要马上回复，我于是低着头，编写一则发出的文字。不知不觉，车子停在了办公室门前的小路上。张林突然拍了拍我肩膀，说："方老师，快看，快看啊！"

我猛地抬起头，立即惊喜起来。基地办公室的房前，两排五六米高的巨紫荆，一串串花朵正在盛开，不，是满树繁密的花朵正在怒放。花朵为玫瑰红色。在一抹绚烂的晚霞映照下，花朵与霞光亲密融合，彼此都显得格外的妩媚。那花，一串又一串，一嘟噜又一嘟噜，密密匝匝，你挤着我，我拥着你，仿佛在嘻嘻大笑，欢迎我的到来。我立时有一种孟郊当年"春风得意马蹄疾，一日看尽长安花"之感。

"紫荆花太美了，我承认，我从心底里承认，可在哪里跳舞呢?"我兴奋地问已经等候的田璐。田璐微笑，不紧不慢地说:"方老师，你看满是花朵的飘曳的枝条，当春风吹来时，她随风摆动的姿态，是不是很像在跳舞的样子!"

她真是富有想象力。正说着，一缕春风真的刮来了。风不大也不小，恰似几分温柔。舒展的花枝果然随风摇摆，翩翩起舞开来。张林眯眯地笑道:"春天都肯帮田璐的忙，让紫荆飞舞起来，欢迎方老师这位远方的客人。"

看到如此富有灵气的紫荆花，我不由得想起下午在张林郑州的办公室时，他向我描述紫荆专家来到这里时的感受。张林重复专家的话说:"我这回碰上真正的紫荆专家了。昨天，我们的"樱桐"巨紫荆四季春一号，通过了国家级专家的验收。有一位，是专门研究豆科紫荆属的专家，他来到这里，跟你一样，看到满树的"樱桐"巨紫荆花，兴奋得不得了，一连说了3遍，我可找到研究紫荆归宿了的话。"

"樱桐"巨紫荆四季春一号，是张林培育出来的新一代巨紫荆。有人说，巨紫荆的花没有灌木紫荆的花朵繁密，其实这是老皇历，您有空在紫荆花开时节，到这里看一看就全会明白了。

"巨紫荆在乡土树种中，是一种优秀的大乔木，特别招人喜爱，它最大的特点是抗寒、抗旱，还抗病虫害。"基地经理史跃新先生告诉我。

我搭话说:"有的文章说，巨紫荆不耐涝?"

史先生在巨紫荆基地负责多年，对此最有发言权。他摇摇头说:"不对。2009年发大水，有一片地势低洼的巨紫荆，十几天都在水里泡着，后来什么事也没有，苗子照样长得好好的。"

写这篇小文时，那绚烂的紫荆花，好像就在我的身旁飞舞，令我心情好不愉悦!

哈哈!"踏花归来马蹄香"，古人是凭嗅觉所得，我是凭感觉所悟。

2014年4月5日晨，于河南许昌

8

04 郭云清和他的密枝红叶李

2014年5月6日，我来到位于松辽平原腹部的辽宁铁岭开原市，探访密枝红叶李。

探访密枝红叶李，自然要到开原市云清苗木花卉有限公司。因为密枝红叶李，就是该公司总经理郭云清先生6年前推广的。可以说，密枝红叶李与郭云清密不可分。想起郭云清，就会情不自禁地想起密枝红叶李。因为，郭云清在苗木界大名鼎鼎，靠的就是密枝红叶李打头阵。

大约是3年前，我头一回来到云清这里，曾经写过一篇文章，开头这样写道：

"铁岭出了一个赵本山，铁岭苗木业出了一个郭云清"。

文章刊登之后，很是叫好。之所以想到这句话，就是因为在他的苗木基地看到的密枝红叶李，不是一二百亩，而是有上千亩之多。当时，恰逢金秋，密枝红叶李色彩如醉如痴，格外的鲜红。站在地头一端望去，呈现在眼前的是一片红色的海洋，波澜壮阔，几乎望不到边际。"看万山红遍，层林尽染"，意境与密枝红叶李是何等的相似！他做事，真是大手笔，有气魄！有气魄的人，才能成就大事业。

"今年密枝红叶李销售情况如何？"我一到公司，便问公司销售部经理小包。

小包叫包明玉。他笑容满面地说："今年，密枝红叶李销售得非常好！绿篱苗，球形苗，还有一年生二年生的容器苗，几乎通通卖光了。呵呵。可以说，密枝红叶李红遍了大半个中国"。小包说的大半个中国，指的是华北地区、东北地区和西北地区。其中，今年销售最多的地方是新疆和内蒙古。我听了，自然笑容满面。

近五六年，公司在密枝红叶李的推动下，得到迅速发展。现在，郭云清的苗木种植从最初的200亩，已经飞跃到了4000余亩地，整整翻了20倍的面积。真是"风雷动，旌旗奋，是人寰"。为了适应市场的变化，公司主要种植品种，也变得多样起来，主要有金叶榆、紫叶稠李、榆叶梅、茶条槭、紫丁香、金叶复叶槭、紫叶风箱果、王族海棠、钻石海棠、光辉海棠等十几个品种，但密枝红叶李，毫无疑问，仍然是郭云清的首选当家品种。

郭云清，由于带头发展新型农业，带头发展绿色产业，早已成为开原市新农村建设的一面旗帜。他的社会职务也多了起来。除了担任开原市花木协会会长之外，最主要的，他还是市人大常务委员会委员。市人大常委只有27名成员，其中像郭云清这样的企业家凤毛麟角。可见，他在开原的位置该有多么的重要。

我今天到开原，不巧郭云清正在市人大开会，而且是连续3天的会议，不能请假。于是陪同我的，便由小包全权代表了。小包是搞销售的，表达能力很强，但他还是有一是一，有二是二，很实在。在陪我去看温室大棚的路上，我问他："现在公司有多少个温室大棚?"他说："300个。"我看过培养密枝红叶李小苗的一个大棚，问小包："一个大棚有1亩地?"小包摇摇头道："没有，八分地。"这个回答让人很是满意。一个优秀的苗木营销人员，首要的条件是实事求是。

眼下，东北的气候虽说较比华北地区要迟那么半个多月，但5月上旬的东北大地，已是阳光明媚，春意空阔，树木吐绿，大地一片葱茏，各种花儿正在盛开。密枝红叶李也是重新挂满了新装，只是现在的叶子还是紫红，色彩与发紫的红叶李的叶子没什么区别。当然，叶子要小巧很多。但到了夏日后，叶子便会逐步变红，九十月份，叶子最为亮丽鲜红。

密枝红叶李，为蔷薇科李属，是红叶李的一个变种。据小包介绍，这个品种最初是由吉林省长春市一个养花爱好者发现的。但原来繁殖的数量极少，是他们老总郭云清慧眼识珠，买回来大半部分苗子，从此迈出了大刀阔斧繁殖推广的步伐。

最初，这种树苗叫法很多，不是现在这个名字。只是到了郭云清这里，根据其枝节紧凑、色泽鲜红、叶片纤细等显著特点，才另取其名为'密枝红叶李'，以便与各种'红叶李'彻底区别开来。

作者与郭云清（左）清晨合影

这三四年，由于郭云清不断加大对密枝红叶李的宣传力度，每年公司往外销售的产品仅是种苗就有二三百万株。密枝红叶李之所以受欢迎，一是填补了东北和西北地区几乎没有红色木本植物的空白；二是可塑性强，既可做绿篱、色块、魔纹、球形，还可做柱形，也可修剪成小乔木；三是色彩艳丽鲜亮，有光芒感。可以说，密枝红叶李与近年推广的金叶榆、红叶石楠极为相似，用途广泛，有异曲同工之妙。

密枝红叶李，还将继续红遍大半个中国，还将继续为建设美丽中国增添色彩，毋庸置疑，一定的。究其原因，一是本身品种好，还有更为重要的一条，是它遇到了一个像郭云清这样干事业的大老板。

天地之间有一种不可衡量、价值永恒的积极元素，靠的是具使命感的人去挖掘，而郭云清恰恰是这样的人。

郭云清、密枝红叶李，两者之间，依然是你中有我，我中有你。

后记：2018 年 4 月，我再次来到郭云清先生的公司，他现在主打的品种已是丛毛美枫秋火焰，但密枝红叶李依然是他的主打品种之一。

2014 年 5 月 7 日晨，于辽宁开原

04 郭云清和他的密枝红叶李

⑤ 徐冠芬在江苏海门带头种植七叶树

　　七叶树是我 2014 年推广的十大新优乡土树种之一。我看过七叶树的小苗，也看过十几厘米粗的大苗，但从未看过七叶树花朵挂在树冠上是什么模样。2014 年 6 月 4 日，在七叶树花朵盛开的时候，我来到长江冲积平原的江苏省海门市，终于实现了这个愿望。

　　海门是南通的一个县级市。乘火车去海门，需要在南通下车。早上，下了火车，海门市森罗万象园林有限公司董事长徐冠芬女士和海门市的曹胜华女士特意到车站接我。这两位，都是我钦佩的女性。

　　徐冠芬女士，是海门市最早种植七叶树的企业家，在她的引领和带动下，近年来，海门市一大批有识之士随之跟进。种植七叶树，发展七叶树，在海门蔚然成风。曹胜华女士，本是海门市高级营养师。她是追随徐冠芬女士种植七叶树的人当中的主要一员。现在，曹胜华女士也成了七叶树的行家。

　　七叶树，为无患子目七叶树科的高大落叶乔木。又称桫椤树、梭椤子、天师栗、开心果、猴板栗等。这个树种不得了，它是世界四大行道树之一。这四大行道树分别是悬铃木（法桐）、七叶树、椴树和榆树。按排序，七叶树排在第二。

　　七叶树是一种菩提树。我国是一个崇尚佛教的国度，七叶树与佛教渊源甚深，因此，在我国的很多古刹名寺里都有七叶树的身影，如北京潭柘寺、卧佛寺、大觉寺，杭州的灵隐寺等，都有数百年以上的七叶树，至今生机勃勃。此外，南京的明孝陵，也生长有七叶树古树。因此说来，属于长寿树种的七叶树，为我国的乡土树种该是名副其实的。

　　七叶树，是优良的行道树和园林观赏植物，可作为街道、公园、广场、小区、片林高大的绿化树种。它可孤植，也可群植，或与常绿树和阔叶树混种。在欧美，七叶树的应用很是普及，到处可以看到它高大魁梧的身影。我国自改革开放以来，城乡绿化得到了空前的发展，苗木生产的面积也已位居世界第一。但由于七叶树小苗不易繁殖，至今，苗圃育苗不很普遍，尚处在发展阶段。因育苗量少，此树在城乡绿化上应用更是凤毛麟角。

七叶树，树形优美，花大秀丽，初夏繁花满树，硕大的白色花序，似一盏盏华丽的烛台，蔚然壮观。但这种认识，也只限于从书本上得到的一些表象认识。当理论与实践没有结合的时候，人的认识往往是靠不住的。

在从南通到海门的路上，我问徐冠芬女士："徐总，七叶树的花是不是与广玉兰的花儿有些相像?"所谓其华丽的烛台，早已在脑子里忘记得一干二净。

我问徐总这句话是有原因的。记得有人告诉过我说，七叶树花开的时候，也正是广玉兰开花的时候。路边上，正好有一排排高大的广玉兰。油亮的茂密的叶子中，正在呈现一朵朵雪白的花朵。那广玉兰朵朵的花瓣，如同圆形的荷花一样清澈地绽开着。

徐总为人大气，干事行动果断。与人相见，不管头天晚上睡得有多么晚，或者近一段时间有多么辛苦，但出现在他人的面前时，总是笑容满面，精神抖擞，一副英姿飒爽的样子。此时，胜华开车，我坐在副驾驶的位置。徐总则坐在后面。徐总向前探了探身子，爽快地笑道："方老师，七叶树的花朵跟广玉兰的花朵根本不同。它的花是长长的。"

她说得很明白，是长长的，但我还是没有多少认识。它到底是个什么芳姿，仍是丈二和尚摸不着头脑。我把我的想法和盘托出，文静优雅的胜华说："方老师，一会儿就到了。"胜华分明在说，你别那么心急，看见后不就晓得了嘛。

但大凡一个人想见到某种物体的时候，心情多是急促的，如同锁在烟雾中，总想尽快拨开云雾见天日。

正说着，我们下了高速公路，来到海门市三星镇一处僻静的地方。左侧是一片二三层小楼的住家，而右侧则是一大片浓绿的树木。浓绿的树木，均有六七米高，十几厘米粗。这里，就是徐总众多的七叶树苗木基地之一。

徐总突然往前探探身，用手指了指七叶树说："方老师，你快看，白白的一串，那就是七叶树的花。"

我的眼前皆为树叶的绿色，哪来的白色? 哪来的花朵? 但随着车子靠近七叶树，我的视野里终于出现了一抹抹白色，一抹抹亮亮的白色。

啊，七叶树的花好大，好漂亮! 仿佛黑夜苍穹中一抹耀眼的白昼。

⑤徐冠芬在江苏海门带头种植七叶树

13

我跳出车子，仰首挺胸，注视眼前一棵七叶树上一朵朵的花儿。不对，用"朵"来描述七叶树的花儿有失公平。那花儿不像广玉兰，是单独一朵的，而是长长的一束，酷似烛台，又不似烛台。烛台是桶状光滑的，而七叶树的花，中间为一根长长的梗，梗的四周开满了一朵朵白色的小花。小花的花瓣绽开着，翻卷着，中间数根纤细的花蕊则伸出很长。因此，无数个花瓣组成的花束，又如一根毛茸茸的鸡毛掸子，在浓绿的翠叶中俏皮地探出。所不同的是，其颜色为白色，细看不乏一点淡淡的紫色。

看见七叶树的花儿，自然要留影，自然要把其美妙的花儿定格在画面中。但它开在高高的树冠上。风儿吹来，花儿轻快地摇曳，好像是个纯真的孩子，在拍手欢迎我这个远道而来的不速之客。我只能仰视它，而不能仅距离接触它，心里怪起急的。

我此次来，不仅要自己知道其花的绚烂，还想让更多的苗木业同行一起领略她的神奇之处。想拍照，又没有好的相机。真是可望而不可即。冠芬看出我的心思。爽快地说道："没什么复杂的，一会儿让工人师傅搬个梯子，上去掰几个树杈不就行了嘛！"

真是好主意。于是，我的手机里，有了徐总和我手拥七叶树枝叶和花儿盛开的画面。

在近距离拍摄七叶树花儿的时候，我和徐总还有这样一段对话：

"七叶树生长多长时间就可以开花？"

"10年以上树龄才可以开花。我的七叶树有12年了。都是从播种开始养起来的。"

"在海门，什么时候开始有花？"

"一般情况下是5月15日起，到现在的6月上旬结束。花期大约20天左右。然后，就开始坐果了。"

"七叶树的果实成熟了有多大？"

"果实有大栗子那么大。壳很硬。"

"繁殖七叶树主要靠种子繁殖吗？"

"是的。每年10月份种子成熟采收后播种。"

"来年用嫩枝扦插，或者用硬枝扦插行吗？据我所知，不少木本植物扦插，嫩枝扦插成活率比较高，硬枝扦插要差了许多。"

"我们现在繁殖七叶树，嫩枝、硬枝扦插都不容易成活。还处在摸索阶段。"

据了解，江苏省海门市大力发展乡土树种七叶树，总面积现已达到3千多亩地。

者与海门市七叶树种植部分精英合影（前排左三为徐冠芬女士）

海门，仍然是黄河以南地区种植七叶树规模最大的生产基地。海门的七叶树有今天的规模，靠的就是徐冠芬女士的带动。对此，曹胜华女士说的一句话很是到位。她说："冠芬真是伟大！12 年前她种植七叶树的一个行动，如今在海门形成了燎原之势。"

是啊，冠芬之所以伟大，是因为她是第一个吃螃蟹的人。纸上得来终觉

徐冠芬女士与海门曹胜华女士（左）在七叶树前

浅，觉知此事要躬行。她是在七叶树几乎无人喝彩的情况下，勇于实践，大胆租地种植的。她是在大海上搏击风浪的一只勇敢的海燕。我们的社会，我们的花木行业，需要这样的海燕，需要更多的这样的海燕。有了这样的"海燕"，我们的七叶树就一定会在中华大地上茁壮成长，就一定会成为绿化美化我们家园的生力军！今朝试卷孤篷看，依旧青山绿树多。

七叶树的花儿无疑是美好的，但其主人徐冠芬女士的心灵，无疑更是纯洁美好的。

2014 年 6 月 5 日晨，于江苏海门

05 徐冠芬在江苏海门带头种植七叶树

⑥ 郭明培育推广新一代"木王"楸树

2014 年 4 月 5 日，我从河南鄢陵来到古都洛阳，专程访问了木干楸树。

花卉以牡丹为王，树木以楸树为王。有证可查。

宋《埤雅》载："今呼牡丹谓之花王，楸为木王，盖木莫良于楸。"

楸树，不少地方都有其大树生长，如北京的故宫、北海、颐和园、大觉寺等游览圣地的楸树，已有数百年树龄之多。山东青州范公亭公园内的楸树，据说有 800 年的历史。历史上记载楸树的诗句，早在唐代就有。韩愈就有咏《楸树》一诗。其诗云："几岁生成为大树，一朝缠绕困长藤。谁人与脱青罗帔，看吐高花万万层。"那楸树，被几根藤萝缠绕，尽管如此，并不影响其树冠吐蕊繁花，有"万万层"的气概。两个"高花"，还有"万万层"，足以说明楸树的高大和华美壮观的风采。

不过，这些现存的楸树，毕竟是老一代的楸树，而我访问的楸树，是最新一代的楸树。

有朋友问，最新一代的楸树，知名度最高的不是在河南周口吗？培育者不是周口楸树研究所所长郭明先生吗？为何要到洛阳访问楸树？

是的，问得好，没有任何不妥之处。因为，郭明先生已经把他培育的最新一代的'金楸 1 号'楸树，转移到了洛阳繁殖。

'金楸 1 号'楸树，树种非常之优良。大约 3 个月前的冬季，我到洛阳看过该公司培育的金楸 1 号。其品种最显著的特点有 3 个：一是树皮光滑，呈青灰色，而老的楸树品种，树皮粗糙有沟痕，像榆树、槐树的树皮一般；二是冠径丰满，枝条为开裂状，而老的枝条是比较单薄的。三是速生，一年生的苗子，可以长至三四厘米粗左右。

我上一次来洛阳，因为是萧瑟的寒冬，楸树的枝干是裸露的，看不到一叶片子存留。这次洛阳之行前，我给郭明先生打电话，问他楸树的新叶长出没有？他说："叶子长出来了，但还没有全部张开。不过楸树的花儿正盛开呢。"

楸树还有花开？真是出乎我的意料。原先，头脑里没有一点这方面的概念，只知道楸树是高大的乔木，只知道楸树是我国珍贵的用材树种之一。其材质好，不开裂，不变形，用途广，经济价值高，居百木之首。要不，怎么可能称得上为"木王"。

昨天下午，我一到洛阳，便马不停蹄，看了楸树的花开，看了楸树新的叶色，还看到了工人起苗时的情况。收获不可谓不大。

我看到的楸树花儿，是在洛阳新区的长兴街。宽阔的公路两侧，各有一排大楸树，颇为雄伟壮观，胸径都在三四十厘米粗。这些楸树，都是郭明先生培育的，为第二代楸树。此时，六七米高的树冠上满是花朵。花朵有点淡紫色，一簇簇的，像正在盛开的紫色的梧桐花。所不同的是，梧桐花下面，是没有叶子的，满树就是一个大花团，新叶尚未绽开。而楸树不同，淡紫色的小花，是与新叶同时出现的。因此在新叶的衬托下，楸树的花儿显得格外的亮丽秀美，就像骄傲的公主。

我在树下仰首拍照，一个路旁门脸儿修车的小伙子坐在树下喝茶。小伙子问我："知道这是什么花吗？"看他的表情，很有一种自豪感。他微笑着，好像在考问一个学生。我故意装作不知，摇摇头。

他说："告诉你吧，这是楸树，没见过吧？"我呵呵一笑，并未捅破这层窗户纸。但说实话，看到这么大的楸树，看到满树的繁花，我还真的前所未有过。杜甫有楸树诗云："楸树馨香倚钓矶，斩新花蕊未应飞。不如醉里风吹尽，可忍醒时雨打稀。"但愿春雨来时，别把楸花打落，让这美丽的景色多留些日子为妙。

郭明先生还是诗人。看到枝繁叶茂的楸树，心情大好，特意赋诗一首《卜算子·咏楸》："春月赏牡丹，无意到树前。忽吐繁花绿叶伴，游人皆惊叹。花俏满枝间。堪比花王艳。待到万木葱茏时，木王峥嵘现。"楸树绽放美艳绚丽的花朵时，在诗人眼里，是"堪比花王艳"，一定的，不容置疑的。

楸树的叶子，我是见过的。叶子是卵状长圆形，纯绿色的，但这次看到的嫩叶，竟然是紫红色，如破苞而出的香椿叶，大有彩色树种的特征。是迎着春光的喜悦，还是想给烂漫的春光增添一抹色彩？无论如何，楸树是尽力了。

在楸树苗木基地，我看到十几个工人在地里挖苗子，挖出来的苗子一堆堆地摆放在地头，三米截干，也不带土坨，也没有任何包扎。淡黄色的根须，就那么没遮没掩

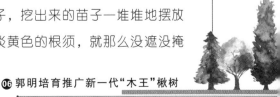

地在阳光下裸露着，任凭呼呼的风来回吹打。我问郭明，楸树苗子的根就这么裸露行吗？他说："没有问题，一星期不定植都没有问题，成活率不说百分之百也差不多。"楸树的粗放性，楸树的生命力强，可见一斑。

　　金楸一号，在培育者和推广者的艰辛努力下，古老的木王楸树正在焕发从未有过的蓬勃生机。这么好的树，理应大力推广，理应大力应用啊！

2014 年 4 月 6 日晨，于洛阳古都

07 甜茶，来自山东蒙阴的新优乡土树种

初识甜茶

3 天前，我在山东临沂东园生态农业有限公司王士江先生和他的合伙人王洁女士的陪同下，探访了一回甜茶。

甜茶，是我近年来演讲时大力推荐种植的一个乡土树种。探访过甜茶之后，越发感到甜茶的可爱，更加坚定了我推广的信心。甜茶，以往只是作为砧木嫁接海棠使用。甜茶，目前基本上算是野生资源，远在深山无人问，处于"待嫁"的一种状态。甜茶，当配角，地位屈尊，太委屈了，完全可以作为一个独立的绿化树种存在。

甜茶，是当地的土名，又称蒙山甜茶、平邑甜茶，是湖北海棠（*Rubus suavissimus*）的"变异"群体，还不能独立算一个植物学上的种。蒙山，即是山东老革命根据地蒙阴的蒙山。也就是说，这种属于野生状态的乔木，蒙山地区是重要的分布区域。蒙山的山里，有十五六米高、六七米粗的上百年老树。甜茶根系发达，耐旱、耐涝，抗性强。东园生态农业的苗木基地，就在蒙山的脚下。

2013 年阳春 3 月，我到过一回临沂东园生态农业有限公司，才知道有甜茶这种野生植物资源，也知道了甜茶是作为一种砧木在使用。该公司是专门搞海棠种植的。王士江、王洁两位总经理就是使用甜茶嫁接海棠。甜茶的亲和力很强，春天用它的种子播种，秋天苗子即可长到 1 米多高。然后即刻嫁接海棠，不说百分之百的成活，也差不到哪里去。

我这一次到蒙阴，不巧下起了大雪。由于立春已过，地温回返，因此落在地上的雪花，多数瞬间便化成了雪水。为了探访甜茶，不惜满脚沾满泥巴，我也要到地里看看甜茶。

在王士江和王洁的带领下，驱车 30 多公里，我们从县城来到孟良崮的脚下。

19

孟良崮，就是当年解放战争孟良崮战役围堵张灵甫的地方。张灵甫葬身在的山洞，现在有些塌陷，但洞口还在，好像还可以感受到当年战火硝烟的场面。

我到了地里，最想看的，就是甜茶的长势状态。王士江带我走进泥泞的地里，在一处坡边，恰好种植着一片甜茶小苗。其中有一株甜茶，被水冲后根须裸露。只见1米高的植株，褐黄色的根须，如龙须一般，竟有2尺来长。

王士江说，如果把根须剪断，用不了多久，一头就会长出新叶，一棵新的小苗即可出现。王士江还说，连山坡处草都不长的"老山巴"，有甜茶在，它的根就可以顽强地钻进去，扎根立足。可见，甜茶的繁殖能力不比柳树逊色。

看过甜茶小苗，我问王士江附近有没有甜茶大树？士江说，说不上大树，五六厘米粗的树还是有的。他的同学2年前从山上移来3株，种在了家门口。他说就是雪天不好开车。王洁说："方老师来一趟不容易，还是带他看看。"王士江二话没说，眯眯笑笑，便开车上了一个高坡。拐过几道弯，我们在院外停了下来。

院外左侧，真的长有2株五六米高的甜茶，右侧还有一株类似高度的甜茶。树枝虽是光秃的，还未绽生新的叶片，但从密集的枝条和丰满的树冠可以看出，甜茶的树形漂亮，应是绝佳的行道树和庭院树。士江还说，甜茶还是观花观果植物。春天开白色的小花，到了冬天，满树的青果便变成了红色，一串串的，漂亮极了。

呵呵。好可爱的甜茶。有了果子，不仅增加了观赏性，而且还给小鸟带来了美味。这一点很重要，我们不能忘记给小动物提供丰富的口粮。绿化树种中，我们的观果类树种不是多了，而是欠缺，欠缺的很。

甜茶，好树种！

• 甜茶花开

甜茶没有海棠那么有名，甚至甜茶是默默无闻的，但当你看到它最佳的芳姿，看到它的本来面目，看到它盛开的雪白花朵，你就会大吃一惊，你就会异常地欣喜，你的印象就会马上发生翻天覆地的变化。你会深深地感到，那甜茶的花，并不比海棠花逊色，也像海棠花一样娇美清纯。

它的花朵，在一片片脆嫩的叶子衬托下，簇拥下，如一朵朵出水的芙蓉，似从天宫翩翩下凡的仙女，那么洁白，那么纯洁，那么小巧，那么迷人。

2014年4月9日上午，我在沂蒙山脚下一所农家院看到了甜茶花盛开，感受到的第一印象就是这样。最初的感觉，虽说是初步的，感性的，表象的，但往往也是最为真切的。

临沂蒙阴东园生态农业有限公司总经理王士江先生对我说："方老师，你真有福气，那花好像是在专门为你这样的有识之士盛开的。"

我还没说为什么，负责销售的总经理王洁女士在一旁插话说："我们王总说的没错，这甜茶花，前天才开始绽放。原来我还担心，万一你老远来了，它的花不开可怎么好！"

你若盛开，清风自来。这句新近读到的话，我甚为喜欢。哈哈，莫非我也成了一朵可爱的洁白的甜茶花。

"前两天没有花，它总该有花骨朵了吗？"我问。喜悦的暖流在全身涌动。

"有啊。它的花骨朵，就像海棠的花骨朵，顶尖为鲜嫩的粉红色，下面逐渐变为白色。"

"是吗？甜茶的花骨朵竟然也这样娇美！"

海棠花的花骨朵我是知道的，娇小玲珑，异常地妩媚可爱。说者兴奋，我这个听者更为兴奋。发完这样的感慨，我便望着满是雪白花朵的甜茶树，左瞧瞧，右看看，很想在树上找几簇尚未绽开的花骨朵。

机智的王士江见此，立即把我拉到了一棵树的后面，微笑着，用手指着一根枝条说："方老师，你看，你快看，那上面不是就有一嘟噜花骨朵嘛。"

风儿在轻轻地吹，树枝在轻轻地摇。此时就是这种状态。树欲静而风不止。风儿当然是从山上飘下来的。

但那簇花骨朵见了我，好像是见了生人的小姑娘，刚刚与我撞个满怀，便羞涩得满脸红晕，隐在了一串花的后面。

这座农家院的甜茶总共有4株，院里有1株，院外有3株，直径都有二三十厘米粗。大约3个月前，王士江和王洁开车带我来过这里，特意来看大规格的甜茶。可惜，那时甜茶的树是裸露的，与北方的落叶乔木没什么区别。

甜茶，是我极力推荐且大力种植的一个乡土树种。我之所以推荐甜茶，是因为在蒙阴东园公司的基地里目睹到甜茶的风采之后，被折服了。可惜，像现在这样魅力四射的大规格的甜茶苗，苗圃没有种植。

甜茶，时下的苗圃里是有育苗的。但多是一年生的小苗子，1米多高，就被当做砧木，嫁接成了海棠，怪可惜的。

我从王士江拍的照片看，甜茶还是观果植物。春天白色的花朵飘落后，便坐下了

果实，到了冬天，满树的青果便形成了红色，一串串，亮晶晶的，不仅漂亮，还成了小鸟的美味佳肴。

那天，站在满是花朵的甜茶树下，我再次大声疾呼：甜茶，好树种，请君放心大力种植！

从左至右：王士江先生，作者，王洁女士

2014 年 4 月 11 日晨，于润藤斋

⑧ 好一个潇洒的'阳光男孩'

2014 年 5 月 10 日下午，我冒着白茫茫的如雾气一般细密的雨丝，从石家庄驱车 110 公里，径直朝东，来到辛集市，探访神秘已久的'阳光男孩'。

'阳光男孩'不是一个人的名字，也不是一部电影的名称，也不是一个卡通形象。但无论如何，这个名称与我们的苗木是八竿子打不着的。但世界上的很多事情往往就是这么奇怪，越是不沾边的东西往往越是密切相关，'阳光男孩'就是如此。

哈哈。'阳光男孩'就是一个树木新品种的名称。我今年过了春节听说到这个名称后，感觉很是奇怪。因为实际上，'阳光男孩'就是普通白榆的一个杂交新品种。恰恰是这个与榆树不着调的新品种名称，国家林业局新品种保护办公室是认可了的。

这个新品种育种人，我是熟悉的，圈子里很多人也是熟悉的。他们就是前些年推出金叶榆新品种的两个人。两位都是河北省林科院教授级的高级工程师，一个叫黄印冉，还有一个叫张均营。2012 年，他们的金叶榆，获得了河北省政府科技一等奖。这是河北省林业系统 20 多年来第一次获此殊荣。'阳光男孩'，是他们 2005 年培育成功的。育种权，归河北省林业科学研究院和石家庄市绿缘达园林工程有限公司双方共有。

去辛集，就是因为绿缘达的'阳光男孩'新品种繁育基地在那里。

陪我到辛集的，便是这两位育种者。目前，他们在绿缘达担任的是技术顾问职务。在路上，我问黄印冉先生，'阳光男孩'这个品种最大的特点是什么？

黄印冉说，'阳光男孩'最显著的特点有 4 个方面：一是速生。速生表现在两个方面，一个是树冠，一个是树干，生长量都是普通白榆的 1.5 倍。拿树干来说，年生长量至少在 2 厘米粗左右。二是普通白榆树皮粗糙，如车道沟一般，有纵向的沟壑，而'阳光男孩'没有，其树干通体光滑美观。三是树冠枝条只有一定的开张，有如杨树一样紧凑挺拔。四是叶子比普通白榆的叶子大一倍，如樱花的叶子一般开阔。总之，它朝气蓬勃，它昂扬向上，它充满正能量，颇像一个充满活力的阳刚男孩。

黄印冉还说，正因为它具有这么多的优点，他和张均营先生一合计，才取了'阳光男孩'这个名称。

从询问黄印冉和张均营两位先生中感到，'阳光男孩'等于为金叶榆而生。金叶榆是普通白榆的变种，而目前嫁接金叶榆的砧木使用的也都是普通白榆。'阳光男孩'的出现，就可以替代普通白榆，做嫁接金叶榆的砧木。两者融合之后，金叶榆这个黄遍长城内外的优良树种就会变得更为完美了。

我们到辛集繁育基地，已是下午5点。这个时辰，晴天有阳光的时候天空还极为明亮。这天，由于是阴雨天，天空已暗淡了许多，雨丝也更为迅速密集起来。基地主干道上种植的一排'阳光男孩'，约有5米高，都有3厘米粗的树干，光溜溜的，依然感到活力四射，像列队齐整的年轻士兵站在那里。靠路边的一块地里，好大一片稍微小一点的苗子，树干也是很高，犹如竹林，显得格外的挺拔。

黄印冉说，这些苗子再养粗一点，把现有的树冠抹了去，嫁接上金叶榆，那才美呢。

现在，法桐有3.5米高的树干，或者4米高的树干也有，往后，'阳光男孩'做砧木，嫁接金叶榆，也可以轻而易举地做到。不仅如此，由于'阳光男孩'树干光滑，树体高大，叶片变大，做独立的绿化树种也是很不错的。现在，绿缘达繁育基地正在开始做这方面的试验。

'阳光男孩'已经获得国家新品种保护权，这个品种也将开始面市，但他们这一次不再出售种苗，走金叶榆授权的路子，而是改为出售工程苗。

愿'阳光男孩'早日走出辛集，走出河北，走向长城内外，走向大江南北。

作者与黄印冉(左)和张均营在苗圃合影

2013年5月11日晨，于河北辛集

❾ 玉玲花儿开

　　"唯有牡丹真国色，花开时节动京城。"这是唐朝诗人刘禹锡描述牡丹花开时节的动人场景。套用这句话，昨天在威海荣成市召开的玉玲花现场推介会，也有类似的这种轰动效果。我作为此次活动的策划者和活动的主持人，感到非常的兴奋。

　　此次活动，由苗木中国网主办，推广单位是荣城市东林苗木种植专业合作社。推介会召开的时间，选择在玉玲花恰逢 5 月底盛开的日子。

　　玉玲花，属于野茉莉科野茉莉属。在我国分布范围广阔，北至黑龙江的启东，南至广西，特别是沿漫长的边防线一带，几乎都有分布。我前段时间在贵州的百里杜鹃景区，便瞧见了正在开花的乔木野茉莉属的植物。一嘟噜一嘟噜花朵，似小灯笼似的，下垂着，倒悬着，甚为美丽迷人，而且散发着甜甜的淡雅的香气。但这样好的树种，这样醉人的花朵，却都躲在大山里睡大觉。人们看到它小巧的纯洁的芳香的花朵，只能到大山里。

　　然而，荣成市东林苗木种植合作社董事长杨锦先生发现这种植物之后，却势如破竹，迅速地把其请到山下的田地里，通过筛选、试种，目前已经实现了规模化的繁殖，繁殖数量达到 24 万多株，从一年生到三年生的苗子均有生产。

　　这次开会时，因为今年天气热得早，花期提前了 10 天左右，但与会嘉宾在现场，仍然看到了树冠上绽放成簇的花朵，香气漾溢了天空。

　　此种植物，在庭院、在小区，在街头绿地等处，有广阔的使用空间。毫无疑问，玉玲花这一宝贵的植物资源，在很短的时间里，已从资源优势转变成了品种优势。

　　在由苗木中国网组织的 2014 年十大新优乡土树种推介会中，推介的树种就有玉玲花。但一个新品种从被社会认识、熟悉，到被行业所接受，需要有一个过程，不是一蹴而就可以实现的，不是参加一两次活动就能够迅速推广开的。因此，那次会议之后，我建议杨锦先生召开一次现场推介会。耳听为虚，眼见为实。这是中国人所崇尚的所接受的最好办法之一。杨锦先生听了我的建议，立即笑了笑，拍了拍我的肩膀，只说了一个字：好！

为此，大约1个月前，我和苗木中国网的主编刘晓菲女士曾经来过荣成一次。与东林苗木种植合作社董事长杨锦先生商量活动方案时，我们商定，参会人员不能低于100人，最多不能高于200人，因为作为活动的酒店，会议室和住宿最多能容纳200人。但实际上开会前一天的晚上，一下子就来了近300位苗木经营者，大家如潮水一般，从山东、河南、河北、江苏、山西、辽宁涌到了荣成这个祖国最东端的滨海城市。

一个小小的推介会来了这么多人，足以说明，大家已经开始向单一的大路货苗木种植，向新优乡土树种种植倾斜。

中国是一个植物资源极为丰富的国度，被称为世界园林之母。把植物资源优势转化为产业优势，以至于应用到城乡绿化之中，应用到美化环境之中去，丰富我们的景观植物品种，为建设美好家园服务，为建设美丽中国服务。这个重担，这个责任，已经落在了我们这一代人的肩上。

各位兄弟姐妹们，咱们一起加油，加油，再加油，一起向前进！

杨锦杨锦先生（左）著名苗木企业家朱绍远先生在玉玲花前合影

● 好一缕飘香的玉玲花

看不到玉玲花的实物，看不到它的树木，也触摸不到它那浓密洁白的犹如铃铛一样俏皮的花朵，但自从昨天黄昏到了威海荣成，直到这东方破白的清晨，那缕缕浓郁

杨锦先生（左）与作者合影

的花香从花蕊里飘曳出来，就好像一直伴随在我的身边，让我亢奋，让我陶醉。

　　我是昨天下午乘飞机来到荣成的，参加在这里举办的首届中国玉玲花节。荣成，是威海的一个县级市。我们乘坐的飞机，写的是北京至威海，但实际上，威海的飞机场在威海市的正南方向的文登市。机场的名称怪有意思的，叫大水泊，一看便知是个亲水的地方。而荣成，又在文登的正东。从威海到文登，从文登到荣成，距离相近，都是20多公里。

　　我们住的宾馆，是荣成这个优美的海滨城市的中心。两座楼房之间，有一个出口，出了口子，就是横贯东西的繁华大街。

　　生产繁殖玉玲花的地方可不在这繁华的都市，而是在荣成市最东边的俚岛镇。俚岛再往东，就是一片汪洋的大海，大海的对过就是韩国了。

　　此次玉玲花节，由杨锦先生的荣成市俚岛镇东林苗木种植专业合作社和青岛市苗木协会共同举办。按照会务安排，嘉宾们是昨天下午报到的。到俚岛玉玲花基地现场参观，目睹其花娇媚迷人的风采。玉玲花，不与百花争春，而是选择在5月下旬清凉的初夏盛开。还没有看到玉玲花，便能够感受到那一缕缕浓郁的花香了……

　　进了宾馆大门，一条醒目的横幅悬挂在大楼的上方，上面写道："热烈欢迎参加首届中国玉玲花节的各位嘉宾"。进了大厅，会务工作人员满面笑容的马上给我办理入住手续，此时，玉玲花的香味就已经扑鼻而入了。

　　出门散步，还未到出口，看到一辆长方形的货车，货车两侧车身，是玉玲花充满创意的广告，几缕飘逸的枝条上缀满了浓密花朵的玉玲花，那香气又好像是扑鼻而

入了。

逛街累了，回到房间来泡杯绿茶喝，恰好会务负责人小汤进门。她马上说道：您别泡自己的茶了，我给您泡一杯我们的茶吧。什么茶？她也不说。喝上一口，呵呵，一股清新可口的清茶味道，还夹杂一股淡淡的好闻的香气，好不舒服！小汤是杨锦先生的生产经理。她告诉我，这是她们加工的玉玲花茶。她说，玉玲花茶上一年就有了，但是秋季采的叶子，口感差，现在您喝的，是今春采的嫩叶，口感就好多了。品这样新鲜可口的茶，缕缕的香气怎么能不扑鼻而入？

晚上，见到杨锦先生，我夸赞玉玲花茶好喝。杨锦先生眯眯地笑道说：我们不仅开发出了玉玲花茶，还开发了玉玲花蜂蜜。再过几天，新鲜的玉玲花蜜就有了。听到这个消息，玉玲花的香气好像又扑鼻而入了。

玉玲花，是一个很好的绿化美化树种，现在还可以开发出多种有益于人体滋补的产品，真的是一件大好事。

其实，扑鼻而入、最为香气浓郁的，还不是玉玲花，而是杨锦先生本人。近几年，他为推广玉玲花，不辞辛苦，走南闯北，简直到了痴迷的程度。凡是有苗木会议的地方，几乎就有他的身影。除此之外，他还在江苏常州和山东东营，建立起两处大型玉玲花基地。此外，他还连续搞了三场玉玲花推广会。此次，更是提档升级，上升为玉玲花节了。

杨锦先生，已经融在玉玲花中，化为一朵美丽的玉玲花！这样的人生，最成功！最精彩！

2016 年 5 月 20 日晨，于山东荣成

❿ "皂角树大王"的皂角

2014 年 10 月 21 日，我到了风筝之都潍坊。在这里，我看到了从未见过的植物奇观。这奇观，就是"皂角树大王"的皂角。

植物王国，真可谓无奇不有。在此之前，我只知道灌木当中的火棘带刺，黄刺枚带刺，月季带刺，玫瑰带刺，还没见过大乔木中也有带刺的树种。到了"皂角树大王"项华融先生的苗木基地，才知道皂角树全身都是锥形的尖利的长刺。

20 世纪 80 年代中，我陪同文学大师冰心先生参观月季花（她称月季为玫瑰）。看到兴致勃勃赏花的冰心，我问她，您为什么那么喜欢月季花？老太太说：我喜欢玫瑰花，是因为玫瑰有坚硬的刺，有其独特的风骨。如今，看到皂角，才知道月季的刺，比起长满密密麻麻刺的皂角来说，简直是小巫见大巫了。

皂角，分大粒皂角，小粒皂角。也称大皂角和小皂角，是我国特有的苏木科皂荚属树种之一，高可达二三十米之多。它分布广泛，主产地在河北、山西、河南、山东。此外，东北地区及江苏、浙江、湖北、广西、四川等地也有分布。它性喜阳光，稍耐阴，喜温暖、湿润的气候及深厚、肥沃适当的湿润土壤。但对土壤要求不严，在石灰质或盐碱或黏土或砂土地里均能生长良好。

皂荚的生长速度较慢，但寿命很长，可达六七百年之久，属于深根性树种。需要 6 ~ 8 年的生长才能见其开花结果。但由此开始结实期可长达数百年。

此树生长旺盛，雌雄异株，是很好的城乡绿化植物，也是很好的生态经济型树种。它耐旱、节水，根系发达，可用做防护林和水土保持林，具有耐热、耐寒，抗污染，具有固氮、适应性广、抗逆性强等综合价值。

从现场观察得知，大粒皂角对生的叶子大，小粒皂角对生的叶子纤小，而且叶子发黄，植株也不如大粒的健壮。彼此之间还有两个区别，一是大粒的偏灰色树皮比较光滑，小粒的树皮较之粗糙，有浅浅的丝状条纹；二是大粒的种子成活率低，小粒的成活率高，撒上种子即可生根，与白蜡、榆树、复叶槭的种子繁殖容易成活相同。

项华融种植的，几乎都是大粒皂角。因为从观赏价值看，大粒皂角较之小粒皂角要优越得多。现在，大粒皂角比小粒皂角种子的价格也高了许多。

在潍坊，老天也非常给面儿。我中午到时天气还是阴沉沉的，但下午，到了他在潍城区望留街道办事处的苗木基地后，竟是云破日出，天空放晴。一株株，一排排，一片片两三米多高的皂角幼株，在轻风中摇曳。顶尖还未木质化的长刺为灰色，但下面已经木质化的长刺则变成了红色。在明亮的阳光照射下，那一道道刺，好似在放射耀眼的光芒，颇为醒目。

项华融先生介绍说：别小瞧皂角的刺，药用价值很高，现在有人收购，一斤可卖40元钱。

刚过"知天命"之年的项华融先生，留着分头，一身西服休闲装，腰杆笔直，风度翩翩，

看上去有一种军人的风采。但与人说话，或者听人说话，他总是笑眯眯的。问他为何要种皂角？他说，他早些年搞园林绿化施工，用过大皂角，感觉很好，但找来找去，就是那么几棵，种苗生产，更是一片空白。为此，他在8年前就开始采收种子，立志要把这一乡土树种发扬光大。

现在，项华融先生的基地并不算多，只有400多亩，但其中350亩种植的都是皂角。虽然这个面积比起上千亩、几千亩，甚至上万亩的苗木基地相差甚远，但就种植皂角规模，还真不知有比他更大的人。有人叫他皂角树大王，他马上说：叫不得，称不上！叫他的人说：走了很多地方，种植皂角还没见有超过你的，都是小打小闹。他听了，也增强了自信，不仅接受了这个称呼，而且在手机里公开亮相，微信号就叫"皂角树大王"。

他对我说，他认可这个名称，并不是沾沾自喜，就真的成了什么王，而是借用这个名头，要把自己逼到死角，把种好皂角树当成终身的奋斗目标。为此，他还把自己的基地确定为：全国大型皂角基地。

好啊！一个经营者把一件事作为终身的奋斗目标，咬定青山不放松，不仅会成为企业家，而且还容易整出一个大专家来。

"皂角树大王"的追求，我超赞！

2014 年 10 月 22 日，于山东潍坊

⑪ 宁夏的孙柏禄与变色龙须柳

我们昨天从内蒙古到了宁夏银川，拜访了宁夏昊泽绿业的总经理孙柏禄先生。柏禄有1000余亩的苗木，其中最为引人注目的是变色龙须柳。这是他引种的旱柳的一个变种。

变色龙须柳的品种特征均表现在了名称上。最为与众不同的是枝条变色。在不同的季节，它的枝条会变成不同的色彩。眼前的夏季，它的枝条是淡黄的，偏一点绿色，与普通的柳树没有太大的区别，只是嫩枝上有那么一点红晕。但深秋叶子凋零之后，便大不相同了。它的特点，它的风采，它的迷人之处，都凸显出来了。

它的枝条随着天气的变冷，开始慢慢变红。进入萧瑟肃杀的冬天，纤细的枝条会变得火红火

孙柏禄与他的变色龙须柳

红的。如同陈毅所说，"大雪压青松，青松挺且直"。越是天气恶劣，那柳越发的通红。这让30多岁的柏禄，在宁夏，在中国北方，知名度都徒然大增。

晚上就餐，宁夏回族自治区花卉协会的副秘书长丁婕女士也在场。她听了柏禄介绍变色龙须柳的情况后，非常兴奋。她说："孙总干了一件大好事。柳树枝条冬天通红，我还从未知道。这下好了，我们给中国花卉协会推荐优秀企业又多了一个砝码。"

柏禄听了，在兴奋之中还说，自治区一位副主席看了那柳树之后，也有类似的感叹。其柳枝条为红色时，我是领略过的。

那是今年3月中旬，我来银川时到过柏禄的苗木基地。他的基地在贺兰山的脚下。当时，大地回春，柳树开始吐翠，但高高的树冠上，依然风采依旧，通红一片。

我当时就想，若是这神奇的柳树，出现在我们的道路两侧，或小区，或园林之中，不仅添彩，而且还会让人感到温暖。其另一大特点，也很突出：它的枝条不是直的，而是变了形，弯曲的，与龙须无异，若是插花做配枝，装点居室，多美啊！为此，我要特别推荐柏禄这个新优乡土树种。他是 2012 年引进的，现在已经繁殖了一大批苗子。

变色龙须柳不是孙柏禄选育的。但是，在推向市场上他打响了第一仗。别人没有做大，他做大了。给城乡绿化培育了这么好这么多量的树苗，真是好样的！

2015 年 8 月 21 日晨，于宁夏银川

⑫ 耐涝耐干推枫杨

● 再推枫杨

枫杨是个优秀的乡土树种。再推枫杨，意思很明显。因为以前我推荐过这个树种。是的，时间并不长，去年春天我曾经写过枫杨，在演讲时也介绍过枫杨。因为，枫杨是我国固有的乡土树种，高大乔木，可以长到 30 米高，是管理粗放的新优乡土树种之一。

再推枫杨，有两个原因。一是还要从枫杨属于新优乡土树种说起。我国的乡土树种很多，大抵上有 7000 多个，这些都是种，还不包括变种和品种。但遗憾的是，我们苗圃中生产的树种只有 100 多个，绿化上使用的更是微乎其微。不用说对自然资源的利用率，就是与老祖宗在园林中应用的树种相比也相差甚远。因此，推广新优乡土树种是我近几年工作中的重中之重。枫杨是优秀的乡土树种之一，只要有机会，有新的发现，我就要推广。第二，介绍一个新优树种，包括国外来的，都是要在现场看到并且了解情况之后才开始行动的。此次再推枫杨，是因为近日在青岛参加一个信息经验交流会时，见到了枫杨的推广者，高密金禾农场的于程远先生和邵丽华女士。就是在这次会议上，聆听了于程远先生有关枫杨的介绍，不少地方，让我耳目一新。

于程远先生，是山东农业大学毕业的，所从事的职业也是与绿化有关。早在 2002 年，他回到胶东沿海家乡时，发现了枫杨。知道这个树种的特性后，雄心勃勃，立志推广。因为，当时在现有的苗圃中几乎看不到枫杨。为此，他提出了一个"百万枫杨"的宏伟推广目标。但因多种原因，他只繁殖了一批苗子。如今，这些苗子已经成为 20 厘米左右粗的大树，在青岛市城区的 3 条道路上长势良好。

去年初夏时节，于程远和邵丽华曾经带我看过这些枫杨。这些树木，虽然还未长至 30 米高，但十几米高是毫无疑问的了。远视的枫杨，如国槐一样，但近观还是大

不相同的。枫杨的枝干更为挺拔，更为秀美，枝叶也更为稠密。尤其是它的果序，形成长长的下垂的穗子，一束束，倒垂着，像是一串串俏皮的风铃，很是别致美观。这一回，在会上听了于程远的介绍，对枫杨这个树种又有了新的认识：一是枫杨耐涝、耐干旱，是树木中的骆驼、仙人掌。下雨后，它吸足水分，体重迅速增加，干旱了，就靠体内水分补充肌体；二是它虽然有很多果穗，但没有飞絮，对环境没有任何的污染。仅凭这两点，我也要夸夸枫杨。

据于程远介绍，现在他繁育的枫杨种苗非常走俏，已经开始得到苗木行业的认可。2015年，山东的枫杨市场价格，1年生的苗子是1.8元，2年生的为12元。8厘米粗的为180元。这些个价格，未来几年是不大会变的。2年生的苗子，科学种植，再养3年，既可以长到8厘米粗。现在，8厘米粗的普通苗子，他们还有180棵，但已经被定购一空。

枫杨，优点多多，若是有更多的枫杨应用到城乡绿化中，丰富我们现有的行道树和园林里，真是很不错的。

枫杨与于程远

枫杨，本来是野生的乡土树种。您要是到崂山的山里面，到处可以看到高大的枫杨。猛一看，像刺槐。刺槐，就是我们常说的洋槐。一到初夏，枫杨的枝杈上，便坠下一嘟噜一嘟噜如绳一样，如串铃一样的果穗。粗心的人往往会以为，那是刺槐，其实是两回事，风马牛不相及。

枫杨，是乔木中的巨无霸之一，可以长到30多米高。我在青岛崂山后山一个蜿蜒而上的山沟里，就见过一棵枫杨。参天大树，需仰首看，好像在与大山比肩膀。那树好像老寿星，慈眉目善，笑哈哈地在迎接每一位到访的游客。这么好的树木，多少年来却很少有人培育树苗，眼睁睁看着它的在山野里孤独终老。实际上，这类躲在深山无人问的树木太多了。因为没看到过别人种，所以自己也不知道怎么种，也不知道可不可以种。

然而，于程远可不那么想。他自从2000年左右，在回家的路上发现枫杨后，就大胆地采集了种子，在他们的苗圃繁殖开来。因为，这个毕业于山东农业大学的大学生是懂行的。他亲眼看到，那些生长在马路下深沟里的枫杨，泡在水里，有些日子，照样长的枝青叶翠。枫杨树形美观，耐水湿，又耐旱，一定是绿化的好树种，他决心要把枫杨种出来。繁殖两三年后，他便把它们种植在市区的一条公路两侧。

我前两年去看过那些枫杨，已经长成大碗口粗，两侧蓬蓬勃勃的树冠，交织在一起，亲密无间，好一道绿色的植物景观！这些表现极佳的枫杨，应该再次繁殖，而且要大量繁殖，让更多的地方种植枫杨，为我们的人类造福。这就是程远近年来，再次繁殖推广枫杨的原动力。动力，来自于思想的飞扬。

　　近两年，程远的枫杨成了苗木市场和城乡绿化的香饽饽。于程远的不懈努力，不仅得到了物质上的回报，还得到了精神上的回报。好些人见了他，都叫他"于枫杨"。他听了，总是乐呵呵的。

　　一个人，能够选择并培育一个野生树种，把它变成产品推向市场，为绿化美化环境所用。幸福的，该像这时下绚烂的春花吧！

2018 年 8 月 12 日下午

⑫ 耐涝耐干推枫杨

⑬ '红盛紫薇'王柏盛

● '红盛紫薇王'

王柏盛先生是浙江省嵊州市红盛花木专业合作社的总经理。由于他选育推广了'红盛紫薇',人称"红盛紫薇王"。前几天,我到嵊州,拜访了王柏盛先生,现场看了他的'红盛紫薇'。虽然眼下是阳春4月,还不到紫薇开花的时候,而且来去匆匆,不到一整天的时间,但这个品种之好,这个品种之重要,还是给我留下了极为深刻的印象。

我之所以到嵊州拜访王柏盛先生,是因为他的'红盛紫薇'在2015年年底,被苗木中国网主办的第三届十大新优树种推介会推介过。此次活动是由我策划的,而且得到王先生的多次盛邀,我自然要到实地看一看他的'红盛紫薇'。

他的苗圃,在嵊州市甘霖镇雅境村。甘霖镇,一般外面的人不知道,但提起越剧,几乎无人不知,其发源地就在嵊州的甘霖镇。

为什么要叫'红盛紫薇'? 一见到温文尔雅、颇有大学教授派头的王柏盛先生,我便这样问他。

他笑笑,很是神秘地说:叫'红盛紫薇',这里是有讲究的。有什么讲究呢?

他温柔地瞟了一眼坐在旁边的夫人说:我老伴叫姚小红,我叫王柏盛,呵呵,红盛,是取了我们两人姓名的最后一个字。他老伴50多岁,个头不高,穿条牛仔裤,精神抖擞,里里外外都是一把手。苗木生产管理方面的事情几乎都是她在打理,而王先生,笑称自己是个"舵手"。

我见到他夫人时,夫人开车刚从20公里外的苗木基地回来。外面下雨了,整整一下午,密集的雨丝飘个不停。有人购买速生紫薇,她便冒雨去组织人工起苗。丈夫培育出新品种，把两个人的名字捆绑在一起，是夫妻恩爱的结晶，家庭能不旺吗？苗木事业能不旺吗？肯定的。

王柏盛先生介绍道，'红盛紫薇'之所以好，主要有4点宝贵之处。

一是其花开得早。在嵊州，一般的紫薇是7月10号起开花，而'红盛紫薇'从6月10号起就开始现花。到了7月上旬，它已经开得红红火火，花期大约早了20天左右。这样一来，就大大延长了紫薇的观花期。夏日，天气炎热，开花的树木很少，而它率先绽放，挑战酷暑，为大地增添一抹耀眼的红色，是很难得的。

其二是它的花穗颜色绚烂。从整体上看，其成串的花朵是红的，但它不是大红，而是带有玫瑰红的色彩，是艳丽的红，红而不俗。

三是其他品种的紫薇花，花穗几乎是下垂的，而'红盛紫薇'的花穗，除了雨天，被雨水淋湿了会下垂，其他时间一直英姿勃发，昂然向上的。

四是'红盛紫薇'，是速生的，长得快。我在苗圃现场看到，普通的一年生紫薇，只有1厘米左右粗，而速生的，同是一年生的苗，粗度至少增加了一倍。看上去就像充满活力的小伙子，特别的健壮。'红盛紫薇'定植2年后，管理得当，即可长到5厘米粗。

去年盛夏，我国著名紫薇专家、湖南省林业科学院的侯伯鑫教授来到嵊州，到了王先生的'红盛紫薇'繁殖苗圃，在地里一待就是几个小时。最后侯先生惊奇地发现，他的'红盛紫薇'花朵下面的花托（花蕾附属体）是角状的，而别的紫薇下面则是圆形的。

由于'红盛紫薇'有显著的新品种特点，2013年11月30日，江苏省林业科学研究院一位副院长带队，现场考察后，还与他签订了联合开发合作协议。开发后双方所占

王柏盛先生与夫人姚小红女士合影

的比例是，他占51%，林业科学研究院占49%。

王先生说到这里，很是自豪。他为此还打开手机，让我看双方签订的白纸黑字协议书。一个省级的林业科研单位，能够与一个民间企业签订新品种推广协议，一般是不可能的事。科研与生产相结合，联合开发新品种，是很好的一种融合，值得大力推广。

今年，云南一家大型苗木基地，一下子就从他这里购买了17万株苗子。

红盛速生彩叶樱花

王柏盛还有另外一个看家品种——红盛速生彩叶樱花。我数日前离开嵊州时，了解到王柏盛先生之所以能够捞足一桶金，主要得益于3个方面：一是做个有心人；二是有个好品种；三是做足宣传文章。

王先生在嵊州老家甘霖镇雅境村从事苗木种植，粗略一算，已有40余年。多年的实践不仅使他掌握了一门熟练的养护技术，而且善于观察植物生长的细微变化。他知道，倘若天公帮忙，在自然环境中，地里的苗子就有可能发生芽变，那样就可能产生新品种。当然，变异品种优点要稳定。

新品种变化突出，繁殖出来，就会有很强的推广价值。正是出于这样一个想法，他近七八年，已经连续发现了好几个自然变异的新品种。手里没有独特的新品种，苗木业再怎么兴旺，苗子再怎么好赚钞票，如果没有很强的实力的话，也只能挣点小钱，也只能眼睁睁看财富往别的人兜里流。俗话说，打铁还要自身硬。就吃苗木这碗饭而言，若要自身硬，手里就要有好品种。二是因为做了有心人，老天才赐给他了红盛速生彩叶樱花。樱花是著名的观赏树种，受众面极广。即使是常规品种，销量也是非常大的。有了好的新品种，则会更上一层楼，销售时则会更有优势。他的红盛速生彩叶樱花，花是白色的，是一种明丽的白色。从名称上既可看出，其品种显著的独有优势，一个是速生，一个是彩叶。

速生，就意味尽快成材，就意味尽快长成大规格树木。至于白居易所说的"养材30年，方成栋梁姿"，也就只能是老黄历了。一般的樱花，肥水跟得上，长到9厘米粗，起码要四五年的时间，但他的樱花，不到2年，只有20个月，便长到了9厘米粗。2013年初秋，他把样树拿到山东昌邑的苗木展会上展示，参观者不信，说是忽悠人，脑袋掉了都不信。他急了，第二天把锯开的断层让大家看。断层上有年轮显示，是做不得半点假的。这回，众人信了。彩叶也是名副其实的。一般的樱花，到了深秋叶子是黄色的，给人以萧瑟的感觉。而他的樱花，如槭树科的红枫一样红，这种红，还浸染一点橙红色，很是耀眼迷人。

一个企业，一个苗圃，拥有了好的品种，再赶上好的时机，能卖钱，取得好的效益不难，难的是做到极致，获取价值最大化。说句通俗的话，别人靠一个好的新品种挣 1 万元钞票，你却能够挣到 10 万元钞票，甚至更多。

王柏盛先生选择的就是后者。他靠的是什么？靠的就是宣传，不遗余力地宣传。从 2011 年，他的速生彩叶樱花一亮相，行业举办的苗木展览也好，论坛也罢，他几乎一个不落。与此同时，他还大量刊登广告，频繁地参加各种评比活动，以此提高他的樱花知名度。

好的回报，一定跟好的宣传密不可分。从他的名片上还可以看到，他是 2013 年全国十大苗木经济人，中国花卉协会绿化观赏苗木分会理事，浙江省花卉协会经济林分会副会长，2013 年至 2014 年度中国花卉报社常务理事单位。此外，我与国内有知名度的网站人聊天，提起他的名字，几乎都说知道，不就是浙江嵊州那个搞速生樱花的人嘛。

2015 年，他还印证了速生彩叶樱花另一个突出的优点，这就是抗风。7 月 11 日，"灿鸿"台风在东南沿海登陆，嵊州刮了一回 70 年不遇的大台风。台风凶猛狂飙，风力 13～17 级，雨量 490 毫米，许多树木被残忍地刮倒，20 厘米粗的广玉兰被横腰折断。然而，他的速生彩叶樱花，除了叶子被刮落了一地外，树木却巍然屹立，安然无恙。速生，能抗罕见的飓风，说明材质不疏松，真是不可思议。近来，他总结道，其樱花品种不仅速生、彩叶、抗风，而且移栽成活率高，还特别抗樱花病毒。

2015 年，由于他拥有速生彩叶樱花，他的企业被有关部门评为"全国十佳樱花企业"。

39

2016 年 4 月 20 日晨，于浙江嵊州

⑭ 侯跃刚的红叶椿为何那么好

● 侯跃刚的红叶椿为何那么好

  侯跃刚先生的这个苗木基地，有 200 多亩，种植的不光是红叶椿，还有丛生茱萸、高秆樱花、现代海棠（北美海棠）等苗木。我们所到之处，不论是看到的红叶椿，还是看到的其他苗木，地里也好，地头也罢，都是干干净净，近乎没有一根杂草。基地里，根据树木的大小，一律做到了标准化生产，横看成行侧成列，极为齐整有序。

这个苗木基地，是我近年在国内看到管理到位的为数不多的其中之一。侯跃刚的苗木基地为什么如此之好？我在细雨蒙蒙中一边看，一边想。

  整个基地快要看完时，侯跃刚说了一句话，点拨了我。他说，我的这个苗木基地只有两个人管理。200 多亩的基地只有两个人管理？没有听错吧？我核实无误后，不免有点吃惊。实际上，这个基地的管理者只有 1 个人，这个人，就是基地所在地的狮子行村的于瑞明。于瑞明 50 多岁，人称老于。随后跃刚说了若干件老于的小事，让我特别的钦佩。

  一件事是，今年开春，北京有个客户来买红叶椿肉质根种条。每根十厘米长，都是捆成捆，而且标明了哪头儿在上，哪头儿在下。老于不放心，反复向客户解释。点完捆数，那客户趁机说：老于，你多给我几捆，我给你 200 块喝茶钱。老于顿时一脸

侯跃刚先生在苗木展会

的严肃，说：谢谢你，钱我是对绝对不能收的。补的是补的，拿的是拿的，从老板那里出，是应当则份的。其他的，一毛钱也不能拿！事后，那个客户给跃刚打电话，夸奖老于忠实可靠。老于何止是忠实可靠。他干起工作来，也是没白天没黑天的，只要有活儿，他就起早贪黑地干。跃刚说：夏日，有时老于看见地里有杂草，一时除不净，起急冒火的，牙床子都疼。

老于近照

在基地，我见到了老于，老于身穿工作服，脚上穿的是雨靴。穿雨靴显然是在雨天要下地的。我与老于聊天，他随后说了一句话，让我看到了老于的主人翁思想。他说：再过5天，基地有我一个人干就够了。他的意思很明显，一个人能干，就不需要两个人，这样就可以节省一个用工。您想，有这样一心为老板着想的管理者，基地能不管理好吗？肯定会好的。

那么，老于为什么这么敬业？通过了解，我认为有两点原因缺一不可。一是作为老板的侯跃刚，对待老于不薄，每月都付有优厚的报酬，逢年过节，跃刚还把礼品送到门上。老板想着员工，员工自然会想着老板。其二是老于本身品德好。他遵循的一个原则是：老板信任他，他就要全力把基地管理好，管理到极致。

您的苗木基地，您的苗圃，具备这两点了吗？倘若不具备这两点，苗木标准化，苗木精品化，可能就是一句空话。

为何成立中国北方椿树联盟

昨天晚上，我在朋友圈转发了一条消息："京津冀鲁园林绿化行业研讨会暨中国北方椿树联盟成立大会"，要在新年伊始的1月7日召开。这个消息的隆重推出，意味着椿树联盟成立已经筹备成熟。我作为椿树联盟策划和发起人之一，与另外3位发起人一样，心情都感到格外的兴奋。这3位发起人分别是：山东省德州市园林绿化行业协会会长、山东绿科园林绿化工程有限公司总经理季国志先生，山东青州市花溪教育咨询有限公司总经理刘海霞女士，山东潍坊市润丰红叶椿繁育基地总经理侯跃刚先生。

这个联盟，最早发起人是刘海霞女士。大约1个月前，也就是在山东即墨举办的第五届全国十大新优乡土树种推介会上，刘海霞女士也到场参会。她看见我策划的这个推介会来了好几百号人，会议组织的很成功，见了我，便对我说：方老师，我是搞红叶椿的，要是成立一个椿树联盟多好。我一听，眼前为之一亮。

是啊，要是把生产椿树和城乡绿化应用椿树的人士组织起来，成立一个联盟该有多好！

刘海霞女士种植的是红叶椿。红叶椿是椿树家族中的一个新成员。她种植的红叶椿，有近百亩，三四年了。

左至右：侯跃刚先生，德州市园林绿化行业协会常务副会长闫立峰先生，刘海霞女士，作者，德州市林绿化行业协会常务副会长王毓刚先生，季国志先生

据我所知，种植红叶椿比较多的是侯跃刚先生，他的红叶椿，有200多亩。前年，在山东临沂举办第三届十大新优乡土树种推介会时，跃刚的红叶椿也在其中之列。此外，椿树中常见的还有普通臭椿、千头椿，以及朝阳椿。臭椿，是老祖留下的老品种。千头椿，也早已应用到城乡绿化了。朝阳椿，大家觉得眼生吧？是的，这种椿树，是个新品种，市面上还极少见到。朝阳椿，是我老家山东聊城临清肖进奎先生选育的。叫朝阳椿，是著名树木学家董保华老先生命名的。我牵线搭的桥，目前还在繁育中。呵呵，话扯得有点远了。

我得到海霞的建议后，觉得这个想法非常好。椿树，即臭椿，是我国著名的乡土树种之一。椿树，广泛分布在华北地区、西北地区、长江流域和东北南部地区。一句话，在中国的大北方，椿树是它理想的宜居的温馨家园。椿树，起码有这样几大好处：一是它树体高大挺拔，可生长至20米高，树姿端庄美丽，叶子硕大婆娑阴浓。到了夏秋季，青黄色的果子缀满枝头，风采显现，甚为优美，是良好的观赏树种；二是它耐寒、耐旱、耐土壤贫瘠（不耐涝）；三是耐盐碱土壤；四是净化空气，抗二氧化硫等有害气体；五是长寿的象征。因为喻示长寿，北京过去大户人家的院子里，多有种植椿树的习惯。

但海霞说，现在椿树种植还比较分散，形不成规模，应用的也不太广泛。而现代苗木行业，已经不适合单打独斗，关门闭守，独自发展了。团结起来，组成一个组织，把大家的力量凝聚起来。互通信息、培育优良品种，解决生产中遇到的各种难题，有利于椿树产业的良性发展，有利于绿化美化我们的祖国大地。海霞说的极是！

好建议，谁来筹备这个事呢？我想到了季国志先生。

国志所在的地区是德州。德州是典型的盐碱地区。早在五六年前，他在德州老家的夏津就种植了大片的千头椿，长势良好。随后，在我的建议下，他在德州组织了首届中国椿树节。还有，他发起成立了中国彩色苗木网，手下有不少得力的助手，让国志挑头组织筹备成立椿树联盟，当这个会长，是最为合适的人选。于是，海霞跟我说过此事后，我就立即给国志打了一个电话。他听了，更是为之兴奋。

国志答应此事后，我又给潍坊的跃刚打了电话，他也觉得成立椿树联盟的建议好。跃刚随后用手机，还给我发来了他的想法。他说：目前苗市刚刚经历寒冬，才有复苏的迹象。从业者经历这次苗市的寒冬，更加明白资源共享、抱团发展的重要性。同行不一定是冤家。同行之间联合起来，可以交流苗木的管理及病虫害的防治等。从市场方面来说，不管规模大小，谁也不敢说谁就能满足市场的需求。再说，联合起来，扩大椿树的影响力，反馈到设计、施工单位，就可以影响市场的应用规模。

在国志的提议下，4 个发起人很快在德州召开了一次椿树联盟筹备会议。此时，恰好国志正在筹划年初的园林绿化行业研讨会。这样一来，把两个会议掺和在一起，一并开，人多了，势众了，相互影响，声势自然就大多了。想好了就干，在干中不断改进，不断尽善尽美，我欣赏这样的做事风格。

在讨论中，大家认为，这个组织，一定要有行业影响力的专家参与，聘请他们做顾问。于是，就出现了会议通知中的张佐双先生等十来位业内知名人士的大名。当然，首届椿树联盟成立，推选出了 20 多位从事椿树生产和应用的精英人物作为副会长，更是可喜可贺！众人拾柴火焰高。上下同欲者胜，没错的。

基于此，椿树联盟成立的宗旨是：抓住机会，深化合作，互利互惠，共谋发展。

2017 年即将匆匆过去，2018 年年轻的身影就要到来。在这辞旧迎新的美好时刻，中国北方椿树联盟即将成立，我的心情格外激动。因为，所有关心支持椿树发展的人士，都会鼎力支持的。因为，传承椿树，与传承我们所有的乡土树种一样，就是传承我们的中华文化，就是造福子孙，就是荫及后代，这是我们这一代人的神圣职责。

期待更多的有识之士参与到椿树联盟中来！

2017 年 12 月 27 日晨

⑭ 侯跃刚的红叶椿为何那么好

⑮ "天上掉下来"一个花木蓝

● 初遇花木蓝

2014 年 10 月 20 日，是一个雾气重重的日子。我来到著名的历史名城青州，来到这座古老城市的西环路边沿。因为，这里坐落着一个显得颇为宁静的苗圃。在这个不大引人注目的苗圃里，我见到了一种名为"花木蓝"的花灌木，一时竟激动不已。

花木蓝是豆科的一种小灌木，不是什么新品种，在山野里老早就有。远在深山无人问，一直没人拿它当回事，是山东省青州市博绿园艺场的魏玉龙先生独具慧眼，把它进行了规模繁殖。城乡绿化美化，建设美丽中国，高大乔木要有，草坪要有，地被宿根花卉要有，但在此中间的灌木也要有。花木蓝，就是众多灌木中的一种。

这个花灌木，是纯粹的北方乡土树种，但在苗圃里，却极少有人引种它。这个苗圃的主人，青州博绿园艺场的魏玉龙先生从事苗木种植二十余年，但也从未引种过。按他的说法，这是"天上掉下来的"一个花木蓝。他这里是拟人化，把植物比作了历史上的巾帼英雄花木兰。

这个花木蓝，最大的一棵有 5 厘米粗，约一米六七左右高。叶子好似刺槐的叶子，小巧而翠绿，且枝条繁密，树冠丰满，嫩枝为鲜红色。此时，已到深秋时节，上面挂满了豆荚。刺槐的豆荚是扁长的，但它却是圆柱形的，与红小豆豆荚相似。

虽然这个时候没能看到花木蓝的花朵，但我却看到了魏先生手机拍下的开花时的照片（见彩页）。从照片上看，丰满的树冠上，缀满了紫红色的小花，好似无数只娇美的蝴蝶，俏皮而又欢快地在枝条上聚会。

魏先生介绍说，春末夏初，花木蓝浓妆艳抹，开始闪亮登场了。而且，这花从 5 月一开就不肯退场，一直会持续到了金秋。其花绽放，每一拨为 10 天左右，随着新枝的发出，新的花朵接连不断出现，层出不穷。可以说，其花不畏酷暑，不畏高温，伴随人们一起度过了炎热的夏日。

为此，魏先生感慨万分，还作了数首小诗歌颂花木蓝。他没有做过诗，但他的诗句是真挚的，感情是充沛的。现摘录如下："春来百花齐，万朵争斗艳。五月绿波起，红颜踪迹罕。石榴不北去，月季形影单。有心地不负，天赐花木蓝。满目芳菲现，十月秋来萧"。此诗，可谓把花木蓝的特点，花木蓝的来历，近乎一网打尽。

魏先生告诉我，最大的一棵花木蓝在他的苗圃已有 12 年。12 年前，岳父在地里发现一棵 1 尺来高的小苗子，开了几朵小花。

他看到后对岳父说，这是野生的香花槐。后来，随着植株的长大，他才发现此植物与香花槐完全不同，不是一码事。经济南市园林科研所高级工程师邱光先生鉴定，才知道它的中文植物名叫花木蓝，是中国北方地区的一个乡土灌木树种。

现在，魏先生已经将花木蓝繁殖出批量性的种苗。不远的将来，我们的城乡绿化，又多了一个新的乡土植物，我为此欢呼！也为魏玉龙先生感到骄傲！

作者在青州博绿园艺场与场长魏玉龙先生（左）合影

● 在青州，又看花木蓝盛开

在青州，我再次看到花木蓝花儿开，竟有点如醉如痴了。

眼下还是 5 月上旬，已进入了初夏，"草树知春不久归，百般红紫斗芳菲"的时光已经悄然逝去，到了这个时候，多年来似乎只有蔷薇、月季在独领花开的风骚。而如今，花木蓝也开始悄然加入了花开风骚的行列，让蔷薇、月季不再孤寂。对此，魏玉龙先生功不可没。

　　魏玉龙先生，是我的老朋友。大约20多年前，他从草坪种植转到苗木种植，我们就开始相识。这是一位个头不高的山东人。尽管如此，他依然是我心目中的山东大汉。一个人，是否像个顶天立地的大汉，不在于他长得多高，而在于他干事有没有魄力，有没有毅力。魏玉龙先生干事就有魄力，就有毅力。

　　他发现花木蓝，不是在山里面，也不是在野外的地头上，而是在他的苗圃里偶然发现的。最初，他是把他养在了花盆里，看到玫瑰红色的花开，看到浇水也活，不浇水冷落一边它也活。于是，他认准了它是好东西，开启了大量繁殖之路。

　　以前，我目睹过两次花木蓝开花，总觉得那植物瘦瘦弱弱的，开的花也是稀稀疏疏的，没有感觉有什么奇特之处，但此次来到他的园艺场，则旧貌换新颜，根本不同了。

　　我记得去年5月来过他的场子，比此时晚不了几日，花也开了，但那时候成簇的植株，也就二三十厘米高，而且枝条花穗也不是那么的稠密。如今，它好像出落得水灵灵的大姑娘了，还是一簇簇，但它已有半人多高了。花穗上，缀满了蝴蝶似的小花，花穗有二三十厘米长，沉甸甸的，缀满了纤细的枝叶上。颜色，原来也是玫瑰红色，现在也是如此，但这一次看，要娇艳多了。一嘟噜一嘟噜的花，不论从哪方面说，都不比与其相似的红花槐逊色。此时特别娇艳妩媚的花木蓝。若是种植在潜山的山坡处，成片成片的，那就真应了宋代秦观《好事近》的词句，"春路雨添花，花动一山春色"了。

　　不仅如此，那妩媚妖艳的花儿，会一直从5月开到10月上旬。据魏玉龙介绍，单朵花穗开放，一般在10天到15天之内。呵呵，一只花穗没有凋零，又一只花穗便脱颖而出，开始绽放枝头了。对此，魏玉龙感动不已，曾经作诗一首："春来百花开，

作者与魏玉龙先生（左）合影

46

万朵争斗艳；已是初夏绿浪起，五彩踪迹罕；无意苦争春，夏月展芳颜；花落再开到深秋，乡土花木蓝。"很有概括性，也很有宋词的味道。

据魏玉龙介绍，花木蓝耐盐碱，耐干旱，耐严寒，适应地域范围广，既可孤植，也可大片的群植。今春，已被北京、青岛、新疆等科研单位和绿化工程单位成批量的引进和应用。花木行业的人见到了魏玉龙，虽然有的叫不上他的名字，但已经知道是"花木蓝来了。他就是花木蓝。"

花木蓝开始得到社会的认可，有了知名度，是魏玉龙近两年全力以赴宣传推广的结果。一个好的新优树种，没有好的宣传推广是不行的，这一点，魏玉龙先生做到了。

我昨天在青州再次目睹花木蓝的风采，真的感到如醉如醉了！

2016 年 5 月 9 日，于山东青州

⑯ 于程远的锦叶栾

　　技术和责任心不强，是影响我们苗木持续健康发展的主要障碍之一。反之，就大不相同了。

　　前几天，我与山东青岛于程远先生通电话之后，就有这种强烈的感受。

　　我策划的十大新优乡土树种推介会，总共推广了 50 个树种，其中青岛的于程远先生有两个树种获奖：一个是第三届的锦叶栾，一个是第四届的枫杨。

　　枫杨是他们自己从胶东野生资源中选育出来的。而锦叶栾不同，锦叶栾是他从山西引进的新品种，是从育种者手里购买的。锦叶栾是北京栾的变种，夏季叶子为金黄色，叶子不落时，始终如一，都是金灿灿的。锦叶栾可以在华北、西北广大地区种植，适应范围广。但锦叶栾种苗极为有限。锦叶栾是芽变品种，要靠无性繁殖扩繁。但扦插繁殖成活率低，目前采取的手段主要是嫁接繁殖，繁殖手段单一。嫁接繁殖，成活率仍然很低，因此，现阶段他销售的二年生的种苗，售价就有 100 元。

　　一棵小苗子，100 元，有点咂舌，不少了吧？但还供不应求。为此，在育种者授权下，繁殖锦叶栾，快速扩大种苗数量，是程远当下一项紧迫的工作。

　　前几天，我与他通电话，问他忙些什么？

　　他说，还能忙些什么？主要是忙于嫁接繁殖锦叶栾的事。

　　我问道：什么时候嫁接的？他说，是 6 月初嫁接的。成活率如何？他说，总的来讲还不错。不过，请的几拨嫁接人，有的嫁接成活率高，有的就低一些。什么原因呢？他说，技术和责任心的原因都有。

　　有人说，技术和责任心是一种并列的关系，在一定情况之下，没有谁主要，谁次要。对于这种说法，表面上看并没有什么问题。但若仔细一想，还是有主次关系的。对于初学嫁接技术的人来说，在同等时间范围内，技术娴熟的人嫁接成活率肯定会高，肯定会快，新手就肯定会低一些。但随着时间的推移，两者是可以互相转化的。

如果有高度的责任心，新手的技术会掌握得很快，由浅入深，由表及里，从不懂到懂，从不会到会，学习的时间会大为缩短。若责任心不强，干什么都大大咧咧，差不多就得，即使技术娴熟，也会出现失误，也会影响嫁接成活率。

现在，随着苗木业的快速发展，大面积的发展，嫁接苗木，小到种苗的芽接、靠借，大到造型苗木的嫁接，已经成为苗木行业一个独立的技术工种。一个苗圃，基本上不再有专门的嫁接人员。嫁接人员不固定在一个单位，一个地区。他们是流动的，哪里需要就到哪里去，与夏收的收割机一样，游走于各地。

因此，吃嫁接这碗饭，若想吃得好，吃得香，受到苗圃的欢迎，就要在责任心上下工夫。始终把责任放在第一位。责任重于泰山。

责任，是嫁接人员所必备的，其实，也是我们苗木经营者每个人所必需的。搞生产的，把责任放在第一位，把事情做到极致，而不是得过且过，苗木就会长得好，就会从粗放型转变为精细型。

从事营销的，把责任放在第一位，做好售前售后服务，包括看似与苗木销售没有关系的一些服务，就会受到客户的欢迎。责任就会体现在让客户满意上。

前几年，我问过几个老外，包括日本人和西欧人。问他们怎样才能培育出高品质的花木？他们来自不同的国家，但他们的看法是惊人的一致。他们说：要用心做事。什么叫用心做事？后来我渐渐明白了，其实高度的责任心，一心一意做一件事，就是用心做事。

技术和责任心都具备了，两手都很硬，我们的苗木不论是生产还是经营，就一定会有一个大的飞跃。

目前，于程远先生在抓繁殖锦叶栾，推广锦叶栾。就一直在用心做提高繁殖成活率的研究。这也是每一个推广人都在认证做的事情。关键技术掌握了，成活率的坎子才能从容迈过，扩繁成功才有了基本保障。钞票才能飞进你的口袋里来。

2015 年 7 月 4 日晨，于润藤斋

⑰ 李运君的糠椴

5月28日下午，我在山东昌邑组织完会议，搭乘青岛静琳榉树园李运君（即是现在的青岛市苗木协会会长李荣桓先生）的车子，来到昌邑南面的即墨市。来到李运君先生的园子，感到无比兴奋。因为，我在这里看到了两片非常漂亮的乔木：一片是糠椴，一片是北美红栎。

我之所以来到李运君的园子，是因为前一天晚上，在昌邑召开"土地流转与苗木规模经营研讨会"预备会上，李运君在介绍他的苗木品种特点时，提到了一句糠椴。说者不是刻意说的，只是随便介绍，如果不仔细倾听，一不留神，就好似溜走了一丝风。但恰恰是这一丝风，被我捕捉到了。

因为，糠椴也是我极力鼓吹种植的一个乡土树种。在昨天的会议上，我曾充满激情地讲，我们中华大地，植物种类资源非常丰富，我们的乡土树种非常之多，老祖宗留下的树种更是非常之多，我们为什么总在杨树、柳树、法桐、白蜡、银杏、国槐等这几个树种上打转转？我们为什么总是一窝蜂地种植这么几个品种？这几个树种肯定是好，毫无疑问，几百年后也不会过时。但现阶段这些树木的小苗子太多，太滥。说到这里，我举了一些例子，以此证明我们丰富多彩的植物种类，其中就提到了糠椴。

我第一次看到糠椴，看到糠椴花开，是2013年春在山东济宁李营参加法桐节时，在一所医院里。这所医院，是当年清朝一个太监买下来的大院子。整个院子，溪水潺潺，画廊雕柱，古木参天。其中，有七八棵糠椴，树龄都在200年以上，但高大挺拔的植株没有一点衰败的痕迹。我们去时，也是5月下旬，也是糠椴开花的时候。一串串聚伞花序的小花，挂满了树冠，繁密之极。很远的地方就可以闻到一股股清香的味道。倘若老远看，近乎圆心形的叶子几乎都被花朵罩住了。但花朵散发出的馥郁的香味，向四处蔓延着，飘逸着。但凡有香气的花朵，就会招来成群的蜜蜂。这几株糠椴也不例外，枝叶间，花丛中，成了无数蜜蜂的乐园。它们一边采蜜，一边发出巨大的嗡嗡声响，如在过盛大的节日似的，欣喜若狂。挺拔笔直的树干，不禁让人想起矛盾的白杨礼赞。

如今，我在李运君这里，在即墨市一个乡村的田野里，终于看到了一排排，一溜溜种植非常规范的糠椴。虽然，糠椴的花已经不是观赏的最佳季节，但橘红色的花朵，像铃铛似的缀满了长长的枝叶下。繁密的花朵散出的甜甜的香气，漾满了整个苗圃。看到近 2 万株有六七厘米粗的植株，我抑制不住内心的激动。尽管昨天胶东半岛的天气阴沉湿冷，伸出来的双手很快就有被冻僵的感觉，但我的热血仿佛在沸腾。

李运君先生对我说："方老师，你刚看见糠椴的花朵时，两眼都放光，就差是孙悟空的眼睛光芒万丈了。"

运君说得没错。瞧见花开的糠椴，倘若我长有孙悟空一双火眼金睛，肯定会满眼放光的，让在场的每个人都感受到我是何等的喜爱糠椴。

然而，这么好的树种，这么好闻的花儿，在我们的苗圃中却很少看到踪影，几乎看不到育苗，更别说在城乡绿化上应用了。李营的苗木，已经形成一个巨大的产业，但只有一个品种，那就是法桐，专家称之为悬铃木。李营的苗木，倒是做到了专业化。但我一直认为，专业化并不等于单一化。整个李营，七八万亩，加之李营周边的区县，近年来已经扩展到了 40 多万亩地。法桐是好，但这么多的地，就种植 1 个品种，无疑是太单调了，市场一时怎么容纳得了？而李营医院高墙内，生长的乡土树种糠椴，却是那么的优良，做行道树不比法桐逊色。但好端端的一个树种，却被冷落在一边，"躲在深山无人问"。由此，我开始注意糠椴，注意这个特别优秀的乡土树种。

运君带我来到另外一块地里。刚刚从沸腾中平静下来的心情再一次陡然升起。这就是看到北美红栎之时。北美红栎，与蒙古栎一样，都属于壳斗科植物。从裸露的树体看，北美红栎树干笔直挺拔，树皮呈灰白色，比起蒙古栎的表皮要光滑得多。柔美的枝条，几乎是从一米高的地方伸展开来，层层叠叠，叠叠层呈，一直到三四米高的树梢，非常之自然，非常之秀美，真有白马王子的风范。这些红栎，与糠椴一样，都已种植六七年的时间，也有六七厘米粗，数量也在近 2 万株左右。

我被眼前的北美红栎吸引住了，在瑟瑟的寒风中，驻足凝视了许久。运君告诉我说，若是秋天来，这树才美呢！满树的叶子由绿变黄，又从黄变红，或者直接由绿变红，不断地把绚烂的叶色推向极致——"万木霜天红烂漫"——这期间，北美红栎无疑是主力之一！

他还介绍说，去年春天，山东省种苗协会会长徐金光先生来到这里，看到北美红栎，惊喜不已。他抚摸着一株又一株树木说：这么漂亮的树木，应该在常州将要举办的花博会上展示。

是的，这么好的糠椴，这么好的北美红栎，还有很多良好的树种，可惜，都成了被遗忘的角落，极少有人育苗。

在此，我引用毛主席他老人家"唤起工农千百万，同心干，不周山下红旗乱"的诗句，以此呼吁同仁们，把目光锁定到珍稀乡土树种上，大力种植被冷落的乡土树种吧！

我真心希望未来几年，在众多的苗圃里，都能看到糠椴、紫椴还有椴树相关的品种育苗。有了育苗，这么好的树种方可焕发青春活力，应用到城乡绿化中去，为美化我们的环境服务，为实现生物多样性添砖加瓦。

李运君先生育苗没有跟在别人后面跑，为我们做出了榜样。大家应该向他看齐，多在适应当地环境的乡土树种上下工夫。

2014 年 5 月 30 日晚，于润藤斋

⑱郯城李鸿乾锁定精品流苏树

昨天，我到了山东临沂的郯城，见到了郯城鸿乾大型流苏培育基地的总经理李鸿乾先生，很是开眼界。他让我知道了三个概念：一是郯城不仅有银杏，而且还有流苏；二是流苏不仅可以嫁接桂花，而且可以独立出现在城乡绿化中；三是郯城不仅有流苏，而且还有锁定精品流苏不放松的人。呵呵，开眼界，长见识了。

其一，先说流苏生产。在我国，流苏的分布很广，山东、甘肃、陕西、山西、河北以至到了华南地区的云南，几乎都有分布。但在我的印象中，这个属于木犀科植物的乡土树种，只有近一二十年才在山东的临沂得到了生产。而生产的范围也很是有限。这个范围，仅限于临沂市北面的沂水县，而绝对没有想到在临沂市南面的郯城县也有流苏生产，而且其规模不比沂水小。流苏在

李鸿乾先生在他的流苏基地

沂水有 2 万来亩，郯城也不落后。如果把刚刚分开出去的黄山镇也算上，郯城的流苏也有近 2 万亩的种植面积。郯城，从苗木生产角度说，郯城就是银杏，银杏就是郯城。呵呵，那已经是老皇历了。郯城还有这么多的流苏。而推动流苏在郯城种植的，其中就有 40 多岁的李鸿乾先生。

其二，流苏在我的印象中，它一直挺不起腰来，总是当替身，做配角，用来嫁接桂花的砧木。其实，流苏树形高大优美，枝叶茂盛，初夏满树白花，如覆霜盖雪，银光闪闪，清丽宜人。秋季结果，果实椭圆形，蓝黑色。近看，流苏树的叶子像桂花.

也对，都是一个科的植物。但流苏的叶子要比桂花的叶子大，漂亮。流苏的适应性强，寿命也长，很少有病虫害。李鸿乾说，他种植的流苏，6年了，几乎没有打过药。而且流苏比法桐耐涝，他感受过。

但这么好的树种，却被埋没了。

大约15年前，我到临沂参加一个与桂花有关的小型活动，当时我请教主办者，问桂花是怎么繁殖的？对方回答道，临沂的桂花，是用流苏嫁接的。桂花的抗寒性是有限的，典型的南方树种，要不然怎么到现在，桂花在临沂以北的泰安，再远点说济南，绿化中见不到它的倩影呢！而如今，流苏作为独立的绿化树种出现，唱主角，就大不一样了。

今春，李鸿乾先生销售了600多万元的流苏，别说泰安、济南有客户，即使北京也有好几个客户。因为流苏不论点缀、群植、列植，在北方这些城市中均具有很好的观赏效果。流苏的作用，我想人们早已有所认识，只是一直觉得桂花高贵，是十大传统树种之一，就把它做垫背的树木了。架不住桂花往北地区推广有限，还架不住再高贵的东西，一旦多了，烂了，也就显不出什么高贵了。这个认识，似乎都是近年来人们才有的。

其三，有人说，现在种植的流苏，都是粗放型生产，没多少耐看的苗子、精品苗子。其实不然。在郯城，李鸿乾先生就是培育精品苗子不放松的代表人物之一。我前面说过，北京有好几个客户买他的流苏，在决定之前，也是比较了不少地方。临沂有那么多的流苏种植面积，谁买，挑一挑，看一看，也是正常的。

在鸿乾的客户中，有个姓高的先生，就对鸿乾说，"我跑了不少养流苏的地方，像你这么好的流苏，还真难找到。"姓高的先生要1000棵大规格流苏，他只满足了800棵。这一点，也是鸿乾锁定培育精品流苏的核心宗旨。

鸿乾走精品化发展之路，昨天我是感受很深的。鸿乾有1000亩的面积，分5处基地，他开车带我看了3个。一处在郯城的西南角，一处在郯城的正东，一处在郯城的正北。都是离城十五六公里。因为头一回去，感觉不近，有种到了郯城的西伯利亚的感觉。其实，没那么远，只是一种错觉罢了。

他的头一个苗圃，最小，只有20亩的样子。这个苗圃，位于港上镇邵庄村。此苗圃，虽然小，但流苏苗木的规格最大，大的，地径已有十三四厘米粗。之所以规格大，是因为这里是他种植流苏起步的地方。他是2000年开始种植流苏的。那时候，郯城的人凡是包地的，几乎都种植银杏，他却另辟蹊径，不走寻常路，培育流苏，培育精品。对此他也有个认识过程。另外两个新的流苏基地，加在一起，足有 550 亩地，则体现得比较完美。去年和今年定植的苗子，都是横看一条线，纵看一条线，株距行距之间都极为宽松。不仅如此，每一株苗子，都是用竹竿绑得牢牢的，这就为苗子长得笔直，打下了良好的基础。而不是像在有些地方看到的那样，竹竿倒是绑了，但却稀里框松，几乎成了幌子，起不到多大作用。浇水，他是喷灌；除草，他是用机械。

2014 年年底，李鸿乾先生的流苏，被评为第二届十大新优乡土树种之一。

李鸿乾，在发展精品流苏的这条道路上，只要紧紧锁住，就会越走越宽，越走越畅，运气也会越来越好。

● 李鸿乾手记：是流苏背叛了教科书吗

2013 年夏季，一段时间的暴雨，使身处比较低洼地段的流苏树和与它相邻的法桐，都浸泡在了难以消沉的雨水里，长达两周之久。其间，烈日的热情让法桐羞涩地低下了头，而流苏树面对此情却不屑一顾，安然无恙，仿佛经历过比这更大的劫难。

2016 年 10 月 6 日，我在蒙阴县蒙山召开流苏发展研讨会时，临沂一位知名度很

李鸿乾先生（左）与韩国的赵先生在他的地里交流种植流苏经验

高的流苏经纪人在会上介绍罗庄流苏的发展时，谈到：有一年发大水，苗圃在水里整整泡了半月有余，其他苗木大都死掉，唯独流苏树却长势良好。

2017 年夏天，我把一棵流苏树植于排水沟的较凹处。我在我的"流苏苗木专业交流群"及一个叫"中国流苏研究团队"群里，多次现场直播我的这棵流苏树。这棵树，泡在水里已经不是半个月的问题了，而今生长依然无任何影响！

报道这棵树时，一名群友也在群里发了一段直播，他在与邻居的搭界沟中心栽了一排流苏作为隔离墙，这流苏墙，一夏天连续在水里泡着 20 余天是常有的事，至今也是安然无恙！

2018 年 1 月 8 日，我在兰考参加"2018 年中国千亩一品王苗木精英联盟年会"，会上，有两位

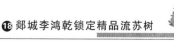

老总谈及在民权县西关附近中度及重度盐碱地栽种流苏，长势良好，每年树干直径自然生长量达2.5厘米。

2017年春天，黄河入海口返盐碱很严重的东营市的园林局一行人，到我处采购流苏，他们说：流苏在东营耐盐碱的表现，比同为木犀科的白蜡树和大叶女贞更为优秀。

中国热爱流苏的人都是我期盼交往的朋友，很多已成为了我的好友，他们都知道我的流苏年干径生长量达3厘米以上。

好了，上网查阅或打开教科书，写的却是：流苏忌积水，仅有一定的耐盐碱能力（耐轻度盐碱），生长速度较慢。对此，我无语了！

替流苏站出来说句话，表达一下自己的心声：我耐旱，耐涝；耐酸，耐中度盐碱；耐严寒，耐贫瘠；寿命长，易成活，抗倒伏；基本无病虫害；花瓣优美素雅且散发芳香。

2015年5月29日晨，于山东郯城

⑲ 双丰园林的玫瑰木槿

我前天到了山东德州的临邑，双丰园林绿化工程有限公司顾问朱永明先生递给我一本企业简介。其实，就是一个广告刊历。打开刊历，大开的雪白画报纸上赫然写道，他的木槿，是"中国目前面积最大、品种较多的木槿基地"。此言说的极是。因为，他的木槿基地有 1080 余亩地。这个规模，不仅我这个走南闯北的认可是目前国内最大，了解情况的业内人士也很认可。

朱永明，大高个儿，膀大腰圆，十足的山东大汉。与人交往，不善言谈，常常是听别人高谈阔论。该他讲话时，他也是少言寡语，说上两三句，便以呵呵一笑收场。但永明却是一个有心计的人，他一旦认准的事，便会全身心地投入进去。

我这次去德州临邑，看的就是他的木槿基地。虽然，去基地的那天上午淅淅沥沥的雨丝总是下个不停，但他开车，我还是在地里转了一个大圈。看过之后，感觉苗子长势之好，面积规模之大，真是让人震撼。

提起他的木槿基地，有这么大的规模，说来与我的建议还密切相关。因此，看到他的木槿基地，我就满脸放光，充满自豪感。

我们是老朋友。大约七八年前，永明找我咨询。他说，他有七八个树种，不知选择什么品种作为拳头产品好？我问道：你都有什么树种？永明说：我的品种比较杂，主要有木槿、香花槐、白蜡、国槐、法桐、苦楝、紫叶李、银杏等。我说：你介绍时，把木槿和香花槐放在最前面，说明这两个树种在你心目中的分量还是比较重的。他说：对的。我说：既然如此，你就把木槿和香花槐作为公司的拳头产品。这两种植物，都是夏季为盛花期。夏季开花的木本植物不多。我看你的拳头产品，就锁定夏季开花的木槿和香花槐好了。他当即表示赞同。于是，经过数年的努力，才有了今天木槿繁盛的局面。

六七年的时间。永明的木槿从最初的 100 多亩，扩展到了现在的 1100 余亩。专业

化、规模化从此脱颖而出。永明出门在外，圈里有的人还给他起了一个绰号，叫："朱木槿"。呵呵。朱木槿，他咧嘴不出声地笑笑。那笑，是一种满意的笑，甚至有一丝得意。因为，他喜欢这个绰号。这两年，看过他木槿基地的，又称他为"木槿王"。他笑着摇摇头，说不敢当。别人说：这个木槿规模，这个档次，没人能与你相比，你就是"木槿王"。

木槿，又称美女花、无穷花、沙漠玫瑰，为锦葵科木槿属植物。木槿为夏季开花的小乔木或小灌木。花从6月一直可开到10月中下旬。木槿花多色艳，花开绚烂妖媚，非常美丽。是作自由式生长的花篱的极佳植物。在炎热的夏日，它不畏高温，绽放灿烂的微笑，非常适宜道路两侧、公园庭院种植。孤植，列植，或者片植均效果良好。木槿花也可以作为一种中药使用，同时可以食用。木槿属主要分布在热带和亚热带地区，其物种起源于非洲大陆。此外，在东南亚、南美洲、大洋洲、中美洲也发现了该物种的野生类型。我国也是木槿属物种的发源地之一。1990年，韩国将单瓣红心系列品种定名为韩国国花。

现在，他共有11个木槿品种，分别是：白色单心系、赤色单心系、紫色单心系、蓝色单心系、阿斯达系、白花重瓣木槿、玻璃重瓣木槿、紫红重瓣木槿、斑叶木槿、牡丹木槿、玫瑰木槿。这11个品种，他也不是什么都发展，只是作为木槿品种存在，大面积种植的，只有玫瑰木槿一个品种。除了搜集木槿品种，他正在木槿养护上下大工夫，力争养出一级的木槿精品苗木。他看重玫瑰木槿，是因其高端大气有品质。

玫瑰木槿，花朵为重瓣，花色为粉红，着花量大，每个叶腋间隙几乎都有1朵花，这是其他木槿所无法比拟的。因其花朵繁密，玫瑰木槿又称之为"繁花木槿"。玫瑰木槿，适应广泛，在我国大部分地区均可种植。

北京有关科研部门试验表明，木槿还是抗污染非常强的亚乔木植物。在众多的灌木或小乔木植物中，抗污染排列第一的是榆叶梅，其二便是木槿。

在木槿中，重瓣的玫瑰木槿比开单瓣的木槿长势要慢。单瓣木槿一年长2厘米粗，而玫瑰木槿也就长1厘米粗多一点。但单瓣木槿的观赏性较之玫瑰木槿要逊色了许多。因此，单瓣木槿的价值也就是玫瑰木槿的五分之二。而且伴随生长年头的增加，这种价格差异还会继续拉大。

现在，他的玫瑰木槿成了热门货。这一春天，到他苗圃看苗子和买苗子的人接连不断，有时甚至几拨人一起来。但越是这样，他越感到责任重大。双丰公司的木槿，不仅要注重规模，更要注重品质。他认准的就是这个方向。

人无我有，人有我优。在苗木如火如荼、铺天盖地迅猛发展的当下，苗木品种要想人无我有，只属于凤毛麟角之人，能做到人有我优就已经很不错了。朱永明先生，就属于这样的人。

木槿花的感悟

木槿花朝开暮落，犹如昙花一现。正因为木槿花的花开时间短暂，人们更加珍惜它的开花时间。木槿花能给人一种厚积薄发的力量，每一次凋谢，都是为了下一次更绚烂地开放。就像太阳不断地落下又不断地升起，就像春去春又来的四季轮转，生生不息。更像是爱一个人，会有情绪低潮时，但每一次低谷，都是在蓄势待发，都是在准备新一次的浪漫激情迸发。木槿花开给我们的启示是：起起伏伏总是难免的，磕磕碰碰总是难免的，但没有什么会令我们动摇自己当初的选择。如同爱祖国，爱生活，爱自然，爱生命，爱朋友，爱亲人的信仰永恒不变一样！

朱永明先生

2014 年 10 月 19 日晨，于山东济南

⑲ 双丰园林的玫瑰木槿

⑳ 邱县齐晖的丝绵木为何抢手

　　邱县属于河北省邯郸市，与山东省聊城市交界。邱县齐晖，是邱县齐晖农业科技有限公司的简称。众所周知，现在的苗木业不景气，苗木卖不出去让许多人寝食不安。但实际上是"东边日出西边雨"。齐晖的丝绵木便是一种美妙的"日出"情况。

　　他们的丝绵木，天天有人打电话问询。我昨天从馆陶县到了齐晖。齐晖的总经理孙洪峰先生开车接的我。半个多小时的行程，他就接了两个电话，都是要6厘米粗以上的丝绵木。一个要6厘米粗的，3千棵；一个要8厘米粗的，300棵。洪峰总是回应道：很抱歉，没了，6厘米粗以上的，今年能出圃的都出圃了，剩下的都是小点规格的。对方说：小一点规格的也行。洪峰回应说：确实没有了。

　　由此看来，齐晖的丝绵木是真的抢手。抢手的原因，从电话里不难得知，是因为他们公司有6厘米粗以上的丝绵木。大有哭着喊着要买的意味。实际上也是这样。

　　该公司1600亩地，其中有近千亩都是丝绵木。这是一个典型的专业化的苗木种植公司。拳头产品没别的，就丝绵木这一个品种。丝绵木本身，是一个做行道树和庭院树非常优良的乡土树种。深秋之后，颗颗红豆豆缀满了树冠，玫瑰般鲜红，流光溢彩，格外的耀眼夺目。

　　近年来，该树引起了苗木业的高度重视。这是目前丝绵木受宠的因素之一。其二，他们的丝棉木吃香是因为有大规格的，最大的有25厘米粗。从齐晖所卖的丝绵木可以看出，多是要6厘米粗以上规格的。

　　其实，还有一个重要原因，就是齐晖的丝绵木有品质。齐晖的董事长刘树军先生带我到地里看到，这里种植的丝绵木，从小到大，都是标准化种植，植株稀疏，绝对没有头碰头的现象。小苗子都用竹竿绑扎，以免日后树干弯曲。为了使冠径丰满，四五厘米粗以上的苗子，要对树冠做3次修剪。不然，丝绵木丰满的冠径出不来，影响品质。而现在，不少苗圃都是一次修剪，树冠的丰满度自然会差了许多。

对此，刘树军先生道出了他们养护的一个原则：搞苗圃要有耐心，一定要往精、往细、往深了做。

按照树军这个路子养出来的苗木，怎么能不抢手？别说是丝棉木，其他的树木也是如此。

2015 年 10 月 10 日晨，于山东聊城

㉑ 安阳苗王的黄连木火了

河南省安阳市大地林业合作社的黄连木火了。自大地回春、万木吐翠以来，前来买苗买种子的客户接连不断。即使到了这骄阳似火的 6 月下旬，还有电话咨询该合作社的技术顾问王振章先生，有关黄连木种苗的价格问题。我昨天到了王振章先生这里，听到这个消息，心里特别高兴。

王振章先生，刚到"知天命"的年龄。他戴副眼镜，白白净净，嗓门洪亮，说话走路都是快节奏的，似乎有使不完的力气。他待人，更是没挑，犹如火一般的热情。他姓王，人称"苗王"，叫这个名称顺理成章。不仅如此，他在推广和繁殖黄连木方面，走在了国内的前面，有 200 亩地之多，也确实称得上"苗王"这个不一般的称号。

苗王所搞的黄连木，是一个固有的乡土树种。过去，只是一个能源树种，一个生长在大山里的树种。它的分布很广，北到北京，南到广西，延绵数千华里。安阳所在的太行山里，是黄连木的

人称"苗王"的王振章先生
在黄连木前

分布中心之一。不过山里人，是不知道什么是黄连木的。若问有黄连木吗？山里人会像拨浪鼓似地摇摇头，说不知道。但懂行的会问：有木蓼吗？或者木了吗？山里的人嘴巴便会笑了，说：那东西，多着呢！这就是说，黄连木是学名，此外还有别的名字。在安阳的太行山里，管黄连木叫木了，到了南方的山里，肯定还有别的称呼，是毫无疑问的。

黄连木，是黄连素药片中使用的原料吗？就这个问题，我问苗王。苗王说：不是，黄连素药片使用的原料为草本。他所搞的黄连木属于高大木本乔木，能长到20余米高。

昨天，一同到苗王黄连木苗圃考察的，还有山东泗水县一个苗木同仁。泗水归济宁管辖，孔子出生的地方就是属于济宁。人们常说的孔子的家乡曲阜，也是属于济宁，而且就隔那么几十公里。这位同仁是以孔子家乡人而骄傲的。据说：黄连木跟孔子的学生子贡有关系。子贡称黄连木为楷木。传说，楷木就是子贡奔丧时，带到曲阜去的；他守墓多年，种植了楷木。子贡用楷木雕刻了孔子和师母的塑像。因为，楷木木质坚韧，纹理细腻，枝杈挺直而不弯曲。

然而，对于黄连木，我还从来没有见过其尊贵的身影。尽管我是个走南闯北的人，每年都要跑十六七个省市，到几十个苗圃。直到1周前，苗王给我发了一则真挚激昂的邀请函，我才有了昨天目睹黄连木的机会。

苗王的黄连木，不在安阳市区的安阳县，而是在市区东南20公里远的文峰区。具体地点，是在苗王的老家高庄镇将台村还有临近的开信村。

苗圃不大集中，分几个地方，但都不远，都是在这两个村子周围。走近一看，黄连木的叶子是复叶，小叶卵状披针形，对生，很是秀气，比柳叶宽大，似桃叶，但复叶形状却像椿树。嫩枝为紫红色。招一下，枝叶有股奇异的味道。据说，其枝叶是熏蚊子的很好材料。

据苗王介绍，黄连木是个季相性很强的树种，如槭树科的树木一样，到了深秋，叶子会由绿变红，如层林尽染，火红一片。其娇艳绚烂的色彩毫不逊色。不仅如此，春天绽开的新枝，嫩梢的枝叶是鲜红色，即使到了这夏至的天气，嫩梢还有几多绛红色。

黄连木是著名的能源树种，自然有了一定的树龄就会硕果累累。其果子，山里人会拿它当宝贝似的用来榨油。炸出的油饼，金黄色，又嫩又香。呵呵，山外人是享受不到这个待遇的。它的果实，鲜嫩时是红色，到了秋天成熟之后，就变成了铜绿色。

有趣的是，果子未成熟时是红色，而其叶是翠绿色，红绿相间，相互辉映。到了深秋，叶子红了，而果实又接近为铜绿色，彼此调换了角色，依然相映成趣。不由得让人想起，"红了樱桃，绿了芭蕉"那句有名的宋词。

黄连木，还是生命力极强的树种。在山里，人们称它为先锋造林树种。别的树木种植了还未成活，还处于光秃的状态，他早已率先扎根吐翠了。即使在岩石缝隙，即

63

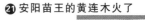
㉑安阳苗王的黄连木火了

使在贫瘠的山地，有一点阳光，有一点雨露，它也能生存繁衍，生生不息。管理粗放、耐旱、耐涝、耐瘠薄，好伺候，是自然的了。

黄连木，苗王已经悄悄地搞了七八年了。他是怎么想起种植黄连木的？

苗王告诉我：2006年，国家林业局在安阳搞黄连木能源树种实验种植，他播种了5亩地的黄连木种子。由于他是学林的出身，又从事多年的林业工作，懂得黄连木的习性，苗子成活率很高。验收时，他这里的黄连木栽培育苗试验表现最好。由此，一发不可收拾。随后，他很快意识到，这么好的树种，何不作为城乡绿化树种出现，丰富现有的绿化树种，为实现生物多样性服务，为绿化美化环境服务。

事实也确是如此。黄连木的寿命长达一两千年，是城市及风景区的优良绿化树种。树冠浑圆，枝叶繁茂而秀丽，早春嫩叶为红色，秋深后叶子又变成深红或橙黄色，红色的雌花花序也极为美观。适宜作庭阴树、行道树及山林风景树。

当然，做低坡山区造林树种更是没有任何问题了。在园林中，它适宜植于草坪、坡地、山谷或于山石，亭阁之旁配植也无不相宜。若构成大片秋色红叶林，与槭类、枫香等混植，效果更佳，定会有"看万山红遍，层林尽染；漫江碧透，百舸争流"的颇不平凡气势。

如今，苗王家的苗圃里，既有一年生的黄连木容器苗，也有从4厘米到8厘米粗的工程苗。

黄连木，一个古老又充满蓬勃生机的树种，在不久的将来，一定会在绿化美化华夏大地中独领风骚，大显风采。对此，作为苗王的王振章先生，是坚定不移的！

苗王的黄连木火了，这还只是个开端。

2016年5月21日晨，于河南安阳

㉒ 在新乡长垣，又见北京红樱花

前几日，在河南新乡长垣县，再一次目睹了北京红樱花独特的风采。在前一年的暮春，我曾经去过一次。时下，尽管中秋已过，浓重的雾气在空中弥漫，瑟瑟的秋雨飘个不停，离满目肃杀的冬日已经不远，但我还是想向朋友们推荐这个新品种的樱花。

北京红樱花，是一个新优乡土树种。樱花，是一种妙不可言的木本开花植物，说到名称就美。樱花，闻名于世，是肯定的，毫无疑问的。樱花，日本种植最广泛，历史悠久，有人就认为原产地在日本。实际上不然，国内专家数年前有过考证，认为樱花的原产地是在中国，而非日本。北京红樱花，就是很好的佐证。它最初就是野生的，故乡在我国太行山的崇山峻岭之中。

这个品种，是数年前一个农民在山里偶然发现的。长垣苗源农林绿化有限公司总经理苗胜利先生在异地发现该品种之后，喜出望外，觉得是一个非常了不起的好品种。于是，他一鼓作气，花了大价钱，从农民手里几乎把大小苗子全部买了回去。这个品种，属于山野之物，无名无姓，胜利为了宣传推广，尽早为美化环境服务，才给它起了一个"北京红樱花"的大名。正如孙悟空最初，只是一个无名无分的石猴子，后来遇到仙人，才有了悟空之美名。

为何叫"北京红樱花"？又不是在北京的燕山山脉发现的？我问过胜利这个问题。胜利说，这个樱花品种最鲜明的特点之一是开红花，重瓣，属于早花品种，能耐零下十几摄氏度的低温，3月初就会现蕾，绽放火红的花瓣，为早春的北方地区闪耀出一抹绚丽四射的迷人色彩。

北京的樱花，特别是玉渊潭的樱花，很有名，但最早开花的品种也多在3月中下旬。而南方，也有3月初就开的早樱，我在浙江长兴的山沟里见过其植株，也见过该品种花儿怒放时的景象。但南方的早樱到北方水土不服，不易成活。有人把南方的早樱引种到了山东，还不是北京，只两个冬天就枯亡过半。同样是早樱，耐寒与不耐寒的适应范围是大不相同的。

新优乡土树种，只是一个笼统的概念，不是放之四海而皆准的真理，引种时还要考虑能否适应当地的气候。为此，胜利把他的耐寒樱花引种到了北京、天津。实践证明，长势良好，安全越冬是没有什么问题的。于是，他才给他的樱花取名为"北京红樱花"。与此同时，也叫"京红樱花"。当然，叫"京红樱花"没有"北京红樱花"响亮了。

瞧，苗胜利先生在北京红樱花前多么兴奋

66

我头一次去造访胜利的樱花，是 2016 年 3 月下旬。北京的樱花虽然多数刚刚含苞待放，但这里的红樱花已经开过 20 多天，繁华之后多数都凋谢了，只有树梢上的枝头，还稀疏地残留几朵红色的花瓣，花瓣的颜色，犹如美女香唇抹了多日的口红，色彩要逊色了许多。只是依稀感觉到那花还呈现高坚的"花中气节"。

这一次来，当然"北京红樱花"早已过了"千朵万朵压枝低"的盛景。春过了，夏也匆匆地过了。冰凉的雨丝还无情地不停顿地敲击着枝叶。在连续多日的打击下，那叶子不仅没有变黄，反而比起其他樱花的叶子更加浓绿。雨水与叶子相互融合，淌下来的水珠，已经分辨不出是叶子上滴下的还是纯粹的水珠了。按照朱自清先生的话说，怕是叶子都要淌出水了。

在园子里，陪同我转的胜利，对自己的"北京红樱花"充满了喜爱，看一棵棵树，瞧一株株苗子，那眼神，那表情就像久别的父亲看了自己的小宝宝一样那么亲切。

胜利告诉我，"北京红樱花"除了开花早、花色红、花朵繁外，还有很多特点。其中的 3 点让我印象深刻：一是叶子比普通的樱花叶子厚。难怪，看上去的叶子是那么的浓绿。其二，北京红樱花的叶子几乎没有病虫害，管理粗放。他说过之后，我近距离观察了几株植株，有大有小，枝叶上真还没有发现病害或者虫害的痕迹。其三，是长势较快。年生长量有 2 厘米之多，比晚樱长势要迅速，属于低碳树种之列。

另外，我想"北京红樱花"的出现，必然拉长了华北地区观赏樱花的时间。仅这一点，就了不起。

2017 年 10 月 17 日上午

㉓青州德利，力推'彩叶豆梨'

'彩叶豆梨'，您听说过吗？您见过吗？反正我前两天去山东省青州市德利农林科技有限公司之前（以下简称"青州德利"），只是听说过，却没有见过。到了他们的基地里，才知道这醉人的初冬时节，敢情"霜叶红于二月花"的不仅仅是枫林，不仅仅是红栌，不仅仅是槭树科的植物，还有'彩叶豆梨'。

青州德利技术顾问郝炎辉先生
在'彩叶豆梨'前

其实，放开眼界看世界，彩叶树木还有很多。'彩叶豆梨'只是其中之一。正因为如此，正因为绚烂的色彩需要我们放开眼界认识，青州德利才在10年前引种了这个系列品种。按照该公司技术顾问郝炎辉先生的话说，我们就是要加大力量推广'彩叶豆梨'，让'彩叶豆梨'在园林绿化上得到广泛的应用。

我这一回到青州，在从北京出发之前，看'彩叶豆梨'就已经是计划行程中的主要安排之一了。去青州之前，我先去的是苏北沭阳。没到沭阳之前，我已经在京买好了到青州的火车票。火车没有从沭阳直达青州的火车，途中，只能在山东兖州停留了一夜，次日早上换了一辆火车去的青州。其间，有企业给我打电话，邀请我去他们那里，我婉言谢绝了，坚持行程不改，按计划去青州德利看'彩叶豆梨'。

我没去青州德利之前，已力推他的'彩叶豆梨'为第四届十大新优乡土树种推介会树种之一。第四届推介会，12月10日至11日在山东临沂举办，还有1个月的时间，筹备的日子很是紧张。推介会是由我策划的，此品种又是我推荐的，我自然要把推荐的树种搞清楚，负责任。因为在此之前，有朋友说豆梨是外来品种，不算中国的乡土树种。对此，我是持不同意见的。

豆梨，跟我们常见的杜梨长相是没有什么区别的，都属于蔷薇科梨属。过去，我们乡下的村边河沟旁就有杜梨。杜梨开过白色的小花，结成了一簇簇深黄色的豆子，我们还在树上恶作剧，把其揪下来打仗玩。

为了证明豆梨是中国的乡土树种，我前些天还特意请教了从事栽培技术的园林专家，他们的观点是，豆梨是中国的原产，不会有错的。

我随后在百度上一查，原来豆梨在中国的分布很广，主要产地是华东、华南地区，但实际上，华北地区也均有分布。诚然，'彩叶豆梨'中国没有，但用豆梨选育出来的新品种，改变不了是中国乡土树种的事实。娘是中国人，母亲在国外生出的孩子，难道就不算中国人？算的，当然要算了。

'彩叶豆梨'，是属于季相性的彩叶树木。从枝杈上吐翠开始，一直到深绿的叶子形成，从春到秋，跟普通的豆梨、杜梨是一样的，都是绿色的。但到了深秋，经霜一打，其叶子就与普通的豆梨和杜梨完全不同了。前两者，一直到叶子飘落，叶色不会改变，都会在枯萎中落下。

而'彩叶豆梨'不是。一到深秋，它就华丽转身，大放光彩，变成了醉人的深红色。

我在青州德利苗木基地的现场看到，一棵棵'彩叶豆梨'，在阳光比较充足的地方，地势比较高的地方，已经开始变成了深紫的红色。那叶子是革质的，表面好似涂了一层蜡膜，光溜溜的，在阳光的照射下，显得格外的鲜活。一片片椭圆形的叶子，好像是一颗颗高档的玛瑙石，让人爱不释手。

当然，'彩叶豆梨'春天所绽放的花朵，如冬日里洋洋洒洒飘落的雪花，满树是白花花的，与豆梨和杜梨，是没有什么区别的。'彩叶豆梨'，也是豆梨不是。

那'彩叶豆梨'，品种可不少。在青州德利差不多有七八个之多。经过10年的生长，一棵棵小苗都已长大，可以当做庭院树了。

我在现场，看到两个树形截然不同的品种：一个是首都；一个是贵族。首都，就像是海棠里的西府海棠，主枝都紧紧地抱在一起，挺拔地向上，好像是热恋的男女似的，不离不弃。而贵族就不同了，枝条是开张性的，往横了伸展，树形很像是海棠中的现代海棠（北美海棠）。

为了推广'彩叶豆梨'，近2年，青州德利已经繁殖了一大批种苗。其种苗，2015年，已经通过了山东省林木良种审定。

我期待，'彩叶豆梨'能够在更多的苗圃出现。为此，青州德利力推'彩叶豆梨'。呵呵，我也愿意为此力推。好东西，就是要大力推广，种植的人才多。不然，再好的东西，在某一个地方，就那么几十棵、一二百棵，孤芳自赏，没什么大意思。

这两年，除了青州德利大力推广'彩叶豆梨'，河北冀州农场推广'彩叶豆梨'的力度也很大，效果也甚好。

2016年11月12日晨

❷❸青州德利，力推'彩叶豆梨'

㉔ 淄博郑贵胜，率先推广车梁木

2016 年 5 月 12 日中午，我在山东省淄博市博山区博山镇的大山里，终于见到了车梁木的"庐山真面目"，好不兴奋。带我去看车梁木的，便是率先在国内推广车梁木的郑贵胜先生。

2015 年 12 月，在第三届十大新优树种推介会上，郑先生的车梁木，被选中为一个的新优乡土树种。

车梁木，正式中文植物名为毛梾，属于山茱萸科梾木属。落叶乔木，高可达 12 米之多。我在现场看到，车梁木的叶子很像梨树的叶子，但比梨树的叶子要繁密得多，叶面有深深的脉纹。它的树干笔直，如钢棍一般直挺，颇有男子汉的阳刚之气。其树皮，不是光滑的，而是有纵向的裂纹，但不像榆树那么深，那么粗糙，一道道浅浅的纹路，像无数条山里的沟壑，由上而下延伸。

眼下，恰是车梁木的开花时节，一簇簇淡黄色的花，如一抹抹银色的光芒，紧密地联系在一起，层层叠叠，在翠绿的纤细的枝叶上闪闪发亮。

随后，伞状的花穗上，一朵朵如微型降落伞形状的小花开过之后，会结下种子，到了秋天 9 月，黑色的种子就可以成熟。种子含油量很高，出油率在 31%～41% 左右，倘若干燥的种子用火柴一划，甚至可以划出一道火光来。过去吃油困难时，这里山上生长的车梁木的种子，常常被老百姓采来榨油吃。

近年来，有关人士已经把车梁木的种子提炼成有益于人体健康的保健油，还有美容油。保健油，我已试喝过，很不错的。车梁木的花，香气明显，忽浓忽淡，清爽的香气怪好闻的，不会熏得脑仁疼。此时，你看不到蜜蜂，但站在浓密硕大的树冠下面，可以听到嗡嗡群蜂采蜜的欢悦声。

与我一同造访车梁木的老朋友，是淄博淄川研究开发树木的专家翟慎学先生。他见此立即补充说：车梁木不光榨油，还是很好的蜜源植物。

车梁木，是别名，正式中文植物名叫毛梾。在这之前，我知道毛梾后，以为毛梾是毛梾，车梁木是车梁木，两者风马牛不相及。见了郑先生，我才知道两者是一回事。郑先生称之为车梁木，传承了博大精深的中华文化，是有用心的。

车梁木，不是新树种，而是一个古老的乡土树种，至少我们可以追溯到两千多年之前。车梁木这个名字，据说跟孔夫子有关。当年，老人家周游列国，车轮滚滚，一路颠簸，人困马乏，已经很是辛苦，乘坐的车子，车梁还不争气，时常磨坏，直至找到一种坚硬柔软耐磨的木材，才省去了老换车梁的麻烦。这种木材就是车梁木。

此树的名称，据说就是源于孔子金口一言。这是个很美好的故事，是昨天郑先生向我讲述的。

郑先生，居住在淄博市的张店区。张店是淄博地级市的所在地，离淄博市博山区博山镇有六七十公里之多。博山镇，再往细点说，是博山镇的郑家庄。这里是深山区，层峦叠嶂、人烟稀少，与沂蒙山区的沂源县仅隔一座山脉。

张店在北，博山镇在南。弯弯曲曲的道路要开 1 个多小时。郑先生的苗圃在大山里，是因为那里是他的老家。人生的起步，儿时的快乐，儿时的美好记忆，全心系在那个纯天然的山野里。

郑先生，是 20 世纪 50 年代出生的，已过"耳顺"之年。虽然已经退休，但看他端正秀气的面孔，仍不失年轻时的英姿勃勃，长相可以与那个年代的电影明星王心刚先生媲美。

郑先生是我非常敬佩的一个知识分子。他是国内率先开发车梁木的有识之士。

说车梁木是他率先开发，那是不错的。早在 8 年前，当多数人都热衷于种植常见的乡土树种时，郑先生就另辟蹊径，看好了车梁木。

那个时候，车梁木这个古老的优良树种还躲在大山里，远在深山无人问，备受冷

落。他是山里人的后代，他知道车梁木的好处。车梁木的好处，不禁花香，不仅可以榨油，不仅树形优美，而且根须丰满，萌发力强，成活率高，耐寒、耐旱、耐土地瘠薄，适应极为广泛，南到四川、江西，北到沈阳，西到南疆。

车梁木还有一大优点，几乎不生虫子，极少有病虫害发生一说。现在，郑先生在大山的山坳里，已经繁殖了上万株车梁木，粗的已有十厘米左右，其种苗供不应求。可见，人们已经开始重视了慢待多年的车梁木。

郑贵胜先生，壮心不已，豪情满怀，正在为车梁木美化中华大地孜孜不倦地努力着，奋进着。按照他的话说，人活着，就要为社会做一点有益的事情。呵呵。这样的人生，这样的想法，这样的实践，我超赞！

2016 年 5 月 12 日

㉕ '金太阳' 丝棉木大放异彩

　　丝棉木'金太阳'是淄博淄川彩叶卫矛新品种研究所翟慎学先生近年选育出的一个卫矛科彩色新品种。我昨天又去看了一下，真是好东西，称得上是北方冬日不可多得的一个彩色树木。

　　'金太阳'，是丝棉木的一个变种。丝棉木，在华北称为华北卫矛，在东北，则被称之为桃叶卫矛。

　　'金太阳'丝棉木，我曾经在翟先生那里看过。那是 2016 年 3 月早春的一天。虽然天气还有点寒冷萧瑟，大地上还看不到一抹脆嫩的绿色，但春天泥土苏醒的气息已经扑面而来，山里更是如此。因为，翟先生的'金太阳'丝棉木种源采穗圃，不是在淄川的城郊，而是在淄川东南方向的山野里。大约有三四十公里的样子。

　　这里的路，是通往山里的一条路。其中有一段，是层峦叠嶂的山。弯弯的山路有一段弯子很急，近乎为 90°的角，司机几乎看不见对面过开来的车子。而翟先生的霞光丝棉木，就在山路下面一块山洼洼的平地里。下了车，过了两条锃亮的轨道，再穿过一座孤零零人家的房子，就是'金太阳'丝棉木种质采穗圃了。面积不大，也就三四亩地。

　　'金太阳'丝棉木，远远看去是复合色。猛一看，是红色，但仔细一看，红色中又夹杂有一点黄色，不是"东边日出西边雨"那么分明。

　　2 米来高的苗子，一年生，密密麻麻，都是嫁接而成，砧木是丝棉木，均为低接而成。接穗，五六厘米长，有 4 个芽子即可。因为不是高接，从上到下，由下而上，通体是鲜艳的红颜色。早春的红色不是那么明显，开始变淡了，但远远看去，还是和周边还末吐绿的杂木形成了鲜明的对比。这是所有去过的人的共同感觉。

　　这一次去是个冬日，最为寒冷的日子即将到来，'金太阳'丝棉木恰是进入变色最好的开始。虽然还是去年早春去过的地方，还是那块很是贫瘠少雨的山地，但颜色恰是表现得最好的时候。还没过了铁道，远远望去，那片整块地里的丝棉木，真的如一轮即将喷薄而出的万道霞光，红彤彤的，孤寂冷清的山野都变得生机盎然了。

昨天，我写了翟先生的冬红北海道黄杨，那个品种，是常绿的叶子在寒冬起变红。而'金太阳'丝棉木是丝棉木的变种。丝棉木是落叶乔木，叶子自然也会飘落。但它的枝条跟普通丝棉木的枝条则完全不同。普通丝棉木的枝条是灰褐色，而'金太阳'不是，完全不是，已经脱胎换骨，仿佛是与丝棉木不是一家的了。如果把普通丝棉木比做一个黑人；而'金太阳'丝棉木就是白人了。

翟先生兴奋地介绍说，'金太阳'丝棉木最大的特点是长势强。每棵植株，每根枝条，都透着那么的粗壮，那么的结实，好像有使不完力气的年轻小伙。此品种，完全可以培养成行道树。长个十来米高是没有问题的。

春秋，'金太阳'丝棉木的叶子是金黄色，叶子落了之后，浅灰色的枝条开始华丽转身，优雅地变为复色。它总体为红色，夹杂那么一点黄，情景交融，一起发力，大放异彩。

这样的彩色树种，多好，多美。世界因为你的出现而精彩！城市的植物景观，提档升级，毫无疑问，'金太阳'丝棉木是有可靠保证的。

繁殖，繁殖，再繁殖吧！星火，星火，赶快燎原吧！

2017 年 1 月，于山东淄博淄川

㉖沭阳陈亮全力推广金叶水杉

　　金叶水杉实际上还没有广泛的试种,有什么缺点还没有检验过,耐性选育还没有,是不成熟的品种。

　　我昨天在江苏沭阳,终于看到了新优乡土树种金叶水杉,高兴得不得了。

　　金叶水杉的推广者,沭阳富春园林有限公司的总经理陈亮先生显得很是自豪。他说,今年春天,在其他大路货苗木销售疲软的情况下,金叶水杉销路好着呢!

　　金叶水杉是水杉的一个变种。水杉,在植物王国中是一个极为了不起的高大树种。

　　早在中生代白垩纪,地球上便出现了水杉类植物。物竞天择,适者生存。在欧洲、北美和东亚,在地层中均发现过水杉化石。到了距今250多万年前的冰期以后,这类植物在残酷的环境中逐渐消亡,几乎全部绝迹,目前仅存水杉1种。20世纪40年代,我国的植物学家在今湖北省和重庆市交界的利川市谋道溪(磨刀溪)一带,发现了1株幸存的水杉巨树,树龄约400余年。后在湖北利川市水杉坝与小河处发现了残存的水杉林,胸径在20厘米以上的有5000多株,还在沟谷与农田间找到了数量较多的树干。随后,又相继在重庆石柱县冷水与湖南龙山县珞塔、塔泥湖发现了200~300年以上的大树。新中国建立以后,我国大力推广,各地普遍引种,北至辽宁草河口、辽东半岛,南至广东广州,东至江苏、浙江,西至云南昆明、四川成都、陕西武功,均已引种成功。国外约50个国家和地区有引种栽培,北达北纬60度的圣彼得堡及阿拉斯加等地区。

　　水杉尤其在我国中部地区生长得特别好,已成为受欢迎的绿化树种之一,用于造林和四旁植树,生长很快。

　　如今,距离沭阳不远的江苏省邳州市境内的邳苍公路,在长达80华里的道路两侧,种植的树木,一水的,全部是水杉。我曾经数次路过。那水杉,高达十五六米,

75

郁郁葱葱的，像整齐威武的士兵，延绵不绝，蔚为壮观，似乎在欢迎过往的每个行人和车辆。

据说，这是世界上目前最长的水杉景观风景带。对此，有"天下水杉第一路"的美称。当今，世界上最大的水杉林在湖北潜江广华寺境内。前国家主席李先念为该林题名为"水杉公园"。

然而，多少年来，多少辈来，这个了不起的生命力如此顽强的树种，我们所听到的，我们所看到的，生存下来的水杉，其羽状秀美的叶子，整个春季和夏季，都是绿色的。绿色固然好看，但太多了，太繁了，与众多的树木没什么区别，也就过于平凡了。金子值钱，但如黄土一般多，也会一钱不值。

因此4年前，当年轻帅气的陈亮在江苏一处发现金叶水杉之后，眼前顿时一亮，如哥伦布发现新大陆一样惊喜不已。在他看来，这是植物王国中的一大奇迹。于是，他和一个朋友，几乎把育种者手里所有的金叶水杉种苗全部买了回来。

看好了，慧眼识珠，拥有好品种，推向社会，为建设美丽中国服务，其实只是具备了一个因素。你拥有了好的品种，舍不得花钱宣传，在一隅看画，就那么仨瓜俩枣，益处也不大。从经纪人起步经营苗木的陈亮，深知其中的道理。他行动起来，正在一刻不停，迅速繁殖，迅速推广。

2015年初秋，我随同他万里迢迢，驱车去大西北旅行，最远的地方，到了新疆乌鲁木齐西侧150多公里的呼图壁。那时，呼图壁正在举办全疆最大的苗木博览会。他去的目的，不单单是旅行，看风景，而且是大力宣传推广他的金叶水杉。

这一年的年终岁尾，在山东临沂举办的第三届十大新优树种推介会上，他的金叶水杉榜上有名。

金叶水杉，他种植繁育的地方，在流经沭阳的沂河的北岸，约10公里处，205国道的北侧，一个苗木基地集中连片的村外。这块地，被一条小路分成了南北两块。他的地，总共有近200余亩，是他3年前租赁的。

他原先没什么地，就是利用网络，从沭阳当地苗农手里买苗子，然后卖到外埠有需求的客户手里，赚一点其中的差价利润。从虚拟到实体，让他出现转变的就是金叶水杉。

金叶水杉是这个基地最为耀眼的明星。我去的时候，天空飘洒着稀疏的雨丝，明晃晃的太阳早已躲到了云层的后面。但几片1米多高的金叶水杉种苗，依然闪烁着迷人的光芒。它们拥在一起，密密匝匝，长得旺盛极了。

我到时，陈亮在接待连云港来的一拨客人。最初是他夫人胡来芳女士陪同我的。30出头的小胡介绍说：今天没有太阳，若是晴天来，金黄的水杉会刺得人睁不开眼睛。

现在，已经到了芒种时节，接近盛夏，许多变色的植物，遇到强光照射都渐渐褪了颜色，然而金叶水杉耐得住考验，呵呵。面不改色，本色不减，颜色依旧那么金黄。这种金黄，从初春发芽开端，一直会延续到初冬的叶子凋落。不容易的。

金叶水杉，是一种高耸的挺拔的大乔木，适应西南、华东和华北大部分地区，做行道树、做风景树，做防风林带，孤植群植，成簇成片，都是相当不错的。

难怪陈亮说，要将这个不俗的新优乡土树种在中华大地上推广到底！对此，沭阳这个既帅气十足，又待人宽厚的小伙子，显得踌躇满志，信心十足。

陈亮、胡来芳夫妇在金叶水杉基地

2016年6月6日晨，于江苏沭阳

❷❻沭阳陈亮全力推广金叶水杉

㉗ 抗病抗虫聊红槐

● 聊红槐之父，现场讲解聊红槐

聊红槐之父，就是山东聊城大学的教授邱艳昌先生。邱先生以培育聊红槐而闻名园林苗木业，被人尊称为"聊红槐之父"。他近年退休后，全力赴推广聊红槐。昨天，我在聊城北一处聊红槐基地，现场聆听了邱先生介绍聊红槐的特性，受益匪浅。

近一段时间，尽管在几个苗木会上都看到了邱先生，从他那里，了解了不少聊红聊的知识，但在基地现场，面对好大一片聊红槐的苗木，却是头一遭，感受是大不相同的。

开车拉着我和邱先生的，是他们公司美丽文静的总经理孔惠芳女士。那块地，仅靠聊城市北外环路，属于北城办事处的秦庄。地面上，又平整，又出入便利。紧靠外环路，抬头就能瞧得见聊红槐，怎么能不方便呢。

邱艳昌教授在基地
现场讲解聊红槐

这块地，是邱先生他们新租赁的，总共有 300 来亩。由于聊红槐是国槐的变种，开艳丽的粉红色花朵，适应地域广阔，国槐长势好的地方都可以种植聊红槐，因此，他们今年能够出圃的 4 厘米粗的苗子全部售光。现在地里新定植的，都是 3 厘米粗的苗子。行距 3 米，株距 2 米，横平竖直，齐刷刷的，看上去真是舒服。

按照邱先生的说法，聊红槐比国槐生长速度要快，至少一年要多那么半厘米。现在定植的 3 厘米粗的苗子，到明年开春，管理到位，胸径可以长到 5 厘米至 6 厘米粗。

当年定植的苗子，缓苗，是必须的，但只影响半厘米粗植株的生长，不无大碍。落叶了，到了冬天，一般人以为苗木休眠，停止生长，其实是不对的，还会缓慢生长。

一个冬季，苗子可以生长半厘米粗是没有问题的。他用铁丝做过实验，铁丝入冬前绑好，到了开春，铁丝便被嵌进了树皮里。当然，苗子全年的生长量，指望的还是5~9月这几个月。

邱先生还说，聊红槐比普通国槐抗病，尤为明显。此时，不声不响的小孔拿来一份聊红槐的宣传材料，彩色的画面上，有两棵小树，一棵是聊红槐，一棵是国槐。聊红槐的枝叶是碧绿色，而国槐的枝叶则是灰白色，几乎泾渭分明。拍照的时间是9月份。灰白色，显然是白粉病惹的祸。2棵苗子靠得很近，聊红槐抵抗力强，安然无恙。

我问邱先生，到了夏天，国槐时有尺蠖出现，聊红槐有没有?。所谓尺蠖，就是俗称吊死鬼的一种软体虫子。一根纤细透明的丝，在半空中悬着一只浅青色的虫子，一不留神，掉在脖子里，往往会吓人一跳。

邱先生说，经他多年观察，还未发现聊红槐有这种情况的发生。

在聊城看聊红槐

2016年3月21日，在杨柳吐翠、桃花怒放的初春时节，我到了山东聊城，在东昌聊红槐繁育中心总经理孔惠芳女士的陪同下，看了一部分聊红槐种苗基地。这是一个有着大眼睛、尖鼻梁，薄嘴唇、皮肤白皙的年轻女性。

她的话不多，见人总是微笑，几乎是你问一句她说一句。但你接触多了，就会知道，这是一个干事业绝对有股子狠劲、有股子拼劲的美女。她肩负的不仅是事业的担子，还有家庭的担子，两副担子一起扛，真是很不容易。

东昌聊红槐繁育中心，是山东聊城大学园林研究所所长、园林专业硕士研究生导师邱艳昌先生创办的。在繁育中心，邱教授主要负责推广技术，而小孔和他的先生邱宗卫先生负责推广产品。再好的品种，不得到广泛的应用，即使得到再多的奖项，意义也并不是很大的。这一点，是邱教授和小孔、小邱共同的看法。

因此，该繁育中心2年前一成立，就把种苗基地建设市场推广作为中心任务。我前2年到过聊城，也看过刚刚吐艳的聊红槐，但初春时节，聊红槐还未绽放绿叶的时候，是一种什么表现，还不得而知。

前几天，在太原会议上，我见到了邱教授和小孔，两位很是热情，几乎同时说出请我去看聊红槐的话。我说：聊红槐还没长叶，有什么看头？邱教授还未开口，小孔

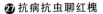

便说：这时候没有叶子，正好可以看它的秆子是不是直的。

随后，小孔又说：干脆直接坐火车，跟我们一起去聊城吧。邱教授也说，既然小孔邀请你，就跟我们直接去吧。那天，我已买好返京票，自然没有与他们同行。

孙惠芳女士

但见到小孔和邱教授如此的真诚，这才有了此次来聊城的行程。

聊红槐经过他们的大力推广，现在市场销路一路飙升，苗子都是按芽出售。我昨天到的时候，邱教授、小孔和小邱兵分三路，都在忙聊红槐的事情，要苗子的，谈建基地的很多。开车陪同我看聊红槐的只有小孔一人。

我们去的一个基地，是在聊城的南面，约有五六十公里的莘县朝城镇。那里，也是小孔和小邱的老家。

我到现场一看，裸露的植株，均有两三米高，都是近2年繁殖的种苗。浓绿的枝干，虽没有绑扎竹竿，但几乎都是笔直笔直的，而普通国槐规格这般大的时候，不绑扎竹竿，会很容易弯曲。弯曲的树干长大，苗木的品质是无法保障的。聊红槐，自然直，就可以节省了生产成本。

此时，我注意到，两三米高的枝干上，不时滋出一两根纤细浅嫩的侧枝。我说：为什么不修理掉。小孔微微笑道：不能去掉，细条子有客户要，不影响嫁接。新品种，真是浑身是宝。

到了晚上7点多钟，我们来到聊城市区，找到一家餐馆就餐，小孔的孩子打来电话。她有两个孩子，老大是儿子，八岁，老二是女儿，5岁。电话是老大打来的，说家里没人，问她什么时候回家。小孔轻松的脸上心疼地抽动了一下。然后说：儿子，领着妹妹先到二爷爷家玩，二奶奶在家。二爷爷家，指的就是邱教授的家。

邱教授还未回来，她家的小邱也未回来，只能她陪我就餐。我真的有点不好意思。到了晚上9点来钟，小孔的儿子又打来电话，说二爷爷家没人，他拉着妹妹过马路，到接送他们的阿姨家玩了。小孔听说孩子横穿马路，车来车往的，自然非常担心。我让她赶快回家，小孔一笑，说没什么，已经习惯了。

是的。这两年，她参加各地组织的苗木展会，跑了不少于二十几个地方。有时候是连轴转，今天到了这个省，晚上乘车又要去那个省。辛苦不说，还要牵挂她的一对幼小的儿女。儿女与母亲，只有靠电话里里的声音维系了。其中难过牵挂的滋味，只有做母亲的知道。但小孔却微微一笑说：要想干成点事，不付出点什么怎么能行？

是的，任何的回报和收获，都是需要付出做铺垫的。孔惠芳女士，鲁西大地一个普通的苗木人，深知其中的道理。她在默默的努力实践中。

2016 年 3 月 21 日晨，于山东聊城

27 抗病抗虫聊红槐

28 淄博翟慎学选育红花文冠果

　　山东淄博的翟慎学先生，今春推出的红花文冠果，销售火了，成了苗木市场追捧的热门新品种。

　　翟慎学先生的单位，名为山东省淄博市川林彩叶卫矛新品种研究所，是一家民办苗木科研单位。从名称上看，慎学搞的是彩叶卫矛植物的开发与推广。其实，这只是他经营的一大类品种。他还有一个与卫矛截然不同的品种，这就是文冠果。

　　文冠果，又名木瓜、文官果，为无患子科无患子属，是咱们北方的乡土树种，属于小乔木之类的树木。

　　文冠果是著名的高级油料作物。它的种子可食，风味似板栗。种子含油量非常高，一斤黑色的成熟种仁，可以榨出6两油。文冠果的种油可以做食用油，不但味美，而且品质极高。当年尼克松访华，招待他的食用油，就是文冠果油。文冠果油还是高级的工业用油。此外，文冠果的木材坚实致密，纹理美，是制作家具及器具的好材料。文冠果还是很好的蜜源植物。

　　市场上之所以一般看不到文冠果油，是因为目前它自然生长的地方，多是土壤瘠薄的山区。文冠果开花多，但通常营养跟不上，再加上风沙、干旱，往往坐果不易。4年生的植株，最多只能结出80个果实。还有一个原因，就是目前文冠果的种植面积太少。2014年12月，国务院出台了《加快木本油料产业发展的意见》，其中就有文冠果。文冠果的春天已经到来。

　　文冠果不仅经济价值很高，也是很好的绿化美化树种。它树姿婀娜，叶型优美，花多，花大，花期长。您到承德避山庄即可看到，大棵的成片的文冠果。

　　文冠果的原本是开白花的，花开时节粉白色的一片，像绚烂怒放的梨花、杏花。而翟慎学先生的精心选育的新品种是开红花的。

　　开红花的文冠果是新的品种，是好东西，由于数量有限，自然就尊贵了，很正常，"地球人都知道"。

2 年生的苗子，手指肚般粗，两米来高，售价 20 元。价格有点高了是不是？比普通的开白花的文冠果是高。2 年生的普通的苗子只需要五六块钱，彼此相差十四五块钱。呵呵，即便如此，您买少了慎学还不卖。一定的，必须的，少于 1000 株他不出手。可见，红花文冠果该有多么受市场欢迎。

我昨天来到淄博，到了他的苗木基地，此时，恰逢文冠果花开的时候，势头正盛，目睹其花的风采，真是喜出望外，如醉如痴。

慎学的基地总共有 500 余亩，分 6 个苗圃，其中 4 个在淄博的张店和淄川。另外两个，一个在北京，一个在威海的一个开发区。

我昨天去了张店和淄川两个苗木苗圃。第一个是在张店杏园办事处的商家村。说是村子，但看不见村庄。在路两侧看到的，都是苗圃。慎学的苗圃靠最南头，再往南，就是突出地面的铁道了。

刚一到苗圃，就见左侧一块地里是白花花的一片，不知种植的是什么。跟随慎学走到跟前，他就像过年的孩子那么兴奋，脸上绽满了笑容。他说：这就是文冠果，这就是文冠果开白花的老品种。文冠果开花，我还是头一回见到。

花朵真是浓密极了。长得也好，短的也罢，几乎每一根枝条上，都挂满了花朵，成串成串的，你挨着我，我挤着你。绽开的花朵，多数里面还露出一个小小的红嘴唇，好像是欢天喜地的小姑娘。"一夜好风吹，新花一万枝"，何止啊！

文冠果的花朵不仅繁密，而且嫁接刚出苗的植株上，没长到一尺高，就缀满了花朵。其花朵漂亮不说，而且花期比起海棠、樱花、碧桃等都要长得多，至少有 20 多天。

大约五六年前，我到这个基地来过，那时候文冠果的数量很少，只有很少一点地的面积，而且不是开花的时候，只是看到对生的，像蕨类植物似的叶子。因此对此植物印象不是很深。但这次截然不同。

这一回，看到开白花的就感觉很亢奋了。到了另外一块地，淄川开发区的贾村，当看到他付出极大心血选育出来的红花文冠果，其亢奋程度，就要加一个"更"字了。

那红花，也如白花那么繁密，但颜色比起白花要喜兴得多，绚烂得多，也鲜艳得多。这花还有一个奇特之处，最初绽开的是黄色，然后逐渐变为近乎鲜艳的玫瑰红，就像金银木，先是开白花，然后慢慢变为黄色。

慎学告诉我，现在他选育的观花文冠果共有 5 个类型：垂枝型、大花型、红黄混

合型、密花型，还有黄花型。当然，小苗子外行人乍看，是看不出来的。但若仔细观看，还是大有区别。

为了加快繁殖红花文冠果，目前，翟慎学先生正在和农户合作，他出接穗，出技术，甚至出砧木，农户出管理。合作，可以达到双赢的效果。

文冠果的春天已经到来，红花文冠果的春天也已经到来。

2015 年 4 月 21 日晨，于山东淄博

㉙ 上海李海根，培育直立蔷薇树

上海李海根先生培育的月季树的砧木，说白了，就是直立性的蔷薇，用两个字即可概括：地道！再用两个字概括：稀有。

他的公司，叫上海市海根花卉有限公司，大本营在上海市的奉贤区。从名称上看，他是一个公司的经营者，但准确地说，他更像是一个地地道道的科研工作者。他干的事，几乎都是园林科研工作者该干的事。他是搞经营的，但他却做了科研，而且默默耕耘，一做就是 15 年。

前些日子，我去了上海，到了他的基地，看了他在蔷薇、玫瑰、月季，蔷薇王国 3 个方面的探索，其成就之多，让我很是兴奋，次日就写了一篇文章，题目是：李海根，在蔷薇王国里创造出来的奇迹。但我总觉得，他的成就，他尤其是在嫁接月季树的砧木蔷薇上，没有说透，浮在表面上，让人认识不那么深刻。

李海根先生在他的直立
蔷薇基地里

蔷薇属，全世界有 200 多种植物，我国占了近一半，约 80 多种，几乎分布在全国各地。但蔷薇，不论是有刺的，还是无刺的，我们利用的几乎都是藤本的，攀援的。条子长得很长，就是伸不直腰。换句话说，一根条子再粗，也直立不起来，形不成树状。但实际上，自然中还是有直立性很强的蔷薇的，只不过我们过去没当回事。因为月季树，或者树状月季，一般而言，是要有砧木的，就像我们吃的柿子，是要用黑枣做砧木的。

月季树的出现，丰富了月季种类，为美化环境做出了重要的贡献。但月季树，只是近一二十年才陆续出现的，而且数量越来越大。遗憾的是，我们看到的最多的月季树，其砧木几乎都不是用小苗培养出来的，而都是用蔷薇科中的野生蔷薇属植物（如山木香）嫁接而成。这是拆东墙补西墙的做法，损害了无数的野生植物，是对自然资源的破坏。

但15年前，李海根先生从菊花领域拓展到月季领域之后，就把目光锁定在蔷薇中，就把嫁接月季树的宝压在搜集直立蔷薇中。

有了直立蔷薇，就有了月季树的砧木。抹了头，留若干个枝条，用品种月季芽子一嫁接，两三年时间，一棵漂亮的月季树就出来了。对此，我们可爱的李海根先生做到了。

他说，他是从几万株蔷薇小苗选育出来的几棵小苗，然后陆续繁殖而成。但我以为，光做到这一步，是很不够的。仅有几棵树，十几棵树，只能孤芳自赏。关键的关键，是要有量。再好的植物，有批量才行，才能在美化环境中发挥作用。

在上海，我看了他在这方面的成果后，我对他说，您一定要在繁殖数量上下工夫。言外之意，他在商品化上还很欠缺。实际上则不然。

后来，我从上海到了浙江的长兴，看了他在那里的基地后，才知道他已经繁殖了200来亩用来嫁接月季树的直立蔷薇，初见成效。一棵棵排列整齐的苗子，虽然都只有3厘米粗，但都像一棵棵小树那样，直溜溜的，均有2米多高。

可喜的是，我从长兴回京之前，他与上海的老朋友、著名园林专家，也是上海市月季协会会长陈整鸣先生合作，决定联手，在长兴继续把直立性蔷薇做大。因为，陈整鸣先生退休之后，也在长兴从事规模性苗木种植，有土地，也有营销方面的潜能。

我们的市场那么大，搞它几百亩，搞它1000亩，哪怕是2000亩，强强联合，在我看来都是不难销售的。

2015年5月21日晨，于浙江长兴

㉚ 朱绍远，推广紫椴与苗木销售绝招

　　山东省昌邑市花木场朱绍远先生是北方苗木经营的一面旗帜，这是到过他场子的人的一致看法，没说的。但大家只看到了他 2 千多亩的苗木基地，只看到了他一片又一片的大规格的树木，只看到他成片成片的造型树木，而却不知道这一切靠的是 20 多年的积少成多，滚动发展，更不大清楚他还有一个销售苗木的绝招。

　　一个企业，苗子只进不出，日子久了，开销从何而来？怎么良性循环？没了良性循环，滚动发展就是一句空话。

　　那么，各位看官，朱绍远先生有什么销售绝招呢？

　　我说两个例子您就明白了。一个是远的例子，一个是近的例子。

　　先说远的例子。大约是十二三年前，绍远去山东临朐，恰是初夏。临朐在李清照老家青州的南边。他路过一户农家院子，猛然发现院里一棵大槐树上，有一根枝条是金黄色的。凭他的直觉，马上断定这是个好东西，是自然界里一个自然变种的国槐。他带了点吃的，再说上一堆好话，便把金黄色的条子带了回来。条子采回来，马上嫁接。苗子活了，蹿出更多的条子，他再嫁接。经过三四年不声不响的繁殖，不声不响的"苦练内功"，新苗子有了足够的数量。于是，他的销售绝招开始施展了。这个绝招，其实很简单，就是拼命宣传，舍得花银子。舍得破费钱财，势如破竹，在当时花木行业最有影响力的《中国花开报》上做广告，而且是连篇累牍地做广告，搞宣传。

　　那时候，行业媒体比较单一，不像现在有这么多的苗木网站，有这么多的苗木会展。但宣传效果却出奇的好。这个新产品，就是现在广泛种植的金枝国槐。一根一尺多长的条子，最贵时，竟然卖上十七八块钱，即便如此，客户有时还要相互争抢。呵呵，大有洛阳纸贵的势头。靠金枝国槐，绍远足足挣了一桶金。就在金枝国槐特别火爆的时候，山东一家园林科研单位的人说："我们院里有一棵树，也有金枝国槐的条子。"你有条子，没变成商品，按现在的话说，你没得瑟出去，没挣到大把的票子，有

作者与朱绍远先生（右）

什么用？

　　再说新近的例子。前几天我在山东昌邑，成功策划主持了第二届十大新优乡土树种推介会。第一个报名的，就是绍远。他报名参加的树种是紫椴。紫椴也好，糠椴也好，都是非常好的乡土树种，但国内基本上没有多少人育种、繁殖，更谈不上什么推广。因此，他报名的紫椴，自然在入选范围之内，这是毫无疑问的。但老朱利用这次开会，抓住机会，一下子就推出了70万株小苗子，真是令人称奇。

　　这样的新鲜品种的树苗，在我看来，能有几万株苗子算是阿弥陀佛了。不像法桐，不像白蜡，也不像银杏，搞上它几百万株苗子都是轻而易举的事。而这么多的苗子，他只用了两年时间的运作。在推介会上，他自己就说："我是两年前看了方老师写的《糠椴，糠椴，李营理应大力发展》之后，到李营现场看了糠椴之后，才感觉椴树真是个非常好的树种。

　　由此看出，绍远的动作该有多么的神速。我的简单叙述，其间有两个要点值得您注意。一个是在极短的时间，他就搜集了这么大量的椴树小苗；二是他不仅是第一个报名参加推介会的，而且还主动提出推介会在他们昌邑举办，在会议吃和行等方面给予赞助。会议主办者自然乐意，但绍远借此机会，让大家到苗圃现场实地考查，看苗子，定苗子。由此大张旗鼓地宣传，推销紫椴的种苗。其效果之好，是可以想象得到的。

　　哈哈！朱绍远先生的苗木销售绝招，不仅过去适用，现在适用，在我看来即使未来也适用。支撑这个绝招的根基是什么？显然是眼光，显然是魄力。

2014 年 12 月 16 日晨

㉛ 北野梓树，在河南濮阳横空出世

北野梓树，是河南濮阳北野乡土树种科技有限公司推出的一个梓树新品种。目前，该公司以繁殖北野梓树种苗为主，种植总面积达到了 1500 亩。

2017 年 10 月 9 日，我来到他们的苗木基地。不由得惊呆了。天哪，这是我印象中的梓树吗？怎么没有一点常见的梓树的影子呢？叶子咋那么大？长势咋那么壮？

梓树，是我国传统的乡土树种之一。在古代，桑梓代表故乡。《诗·小雅·小弁》有："维桑与梓，必恭敬止。"朱熹集传："桑、梓二木。古者五亩之宅，树之墙下，以遗子孙给蚕食、具器用者也……"可见梓树的重要性。可是到了现代，随着社会的发展，桑和梓这两种古老的乡土树种逐渐淡出了人们的日常生活需求。梓树种得越来越少了。

楸树是自花不结实的。因为不实，所以多用梓树做砧木来嫁接繁殖。因此给我留下的印象似乎是主角是楸树，梓树是做砧木的。然而，梓树是可以独立存在的，可以单独培养成大乔木用来做绿化树种的。我有这种认识，是源于前不久濮阳北野科技乡土树种科技有限公司的推介。在现场，看了北野梓树之后，这种感觉就更加强烈了。北野梓树的出现，不由得想起了毛主席说的一句诗词："横空出世，莽昆仑，阅尽人间春色"。

是的。那北野梓树，简直就是在中原大地上横空出世。因为在一年前，河南苗木同行还从未听说有如此可以"阅尽人间春色"的梓树。我知道此消息，也是两个月之前的事。

两个月前，我到山东冠县参加苗木论坛。在此次论坛上，北野乡土树种科技有限公司的技术总顾问高先生介绍了北野梓树。高先生 50 岁左右，温文尔雅，和蔼可亲。他有条不紊地介绍了北野梓树，让在场的同行赞叹不已。我听了这位先生的介绍，立即对北野梓树有了崭新的认识。这个品种，与普通的梓树最大的不同有两点：一是其叶子比常见的梓树叶子大 1～2 倍；二是北野梓树的长势是普通梓树长势的近乎 3 倍。因为他们在外埠做过实验，平茬之后，普通梓树年生长量是 80 厘米高，而北野梓树年生长量是 2.4 米至 2.6 米高，若是在河南中原，差距则会更大。

这么好的梓树品种，叶子硕大，长势快速？为什么不可以在城乡绿化上独立存在？为什么不可以理直气壮地唱主角？由此，我想到了甜茶的命运。甜茶过去一直用来给现代海棠做砧木的。自从前几年参加全国十大新优乡土树种推介会之后，如今，甜茶已经从幕后走到了前台，成为唱主角的树种了。还由于甜茶总体上数量少，它的大规格市场价格已经超过了现代海棠。现代海棠是好树种，但数量出现阶段性的过剩，身价也就一时如掉了毛的凤凰不如鸡了。如今，北野梓树的腾空而起，在城乡绿化上也可以与楸树比翼双飞了。

从左至右：岳彩伟先生，作者，李培建先生，杨峰先生

但大千世界，往往真假难辨，我一向信奉耳听为虚，眼见为实的老理儿。尽管他们的总顾问是河南省濮阳市知名园林专家的高先生。高先生为人非常的谦恭，说话不会满嘴跑舌头，但我还是想亲眼看看，感知一下为妙。耳听是获取信息的重要来源，但现场所见更是不可或缺的。凡事隔着一层，总是不如实地感受更为真切。实践是检验真理的唯一标准。

现场看，一定要到现场看。

本来，按照既定的计划，我到濮阳看北野梓树要 10 月中旬，但跟该公司的总经理李培建先生沟通后，培建说，还是在 10 月份 10 号前来为好。若是 10 月中旬来，也不是不可以，但万一天气变冷，叶子落去，感觉就差多了。他说的极是。北野梓树的特征之一，就是叶子硕大。

李培建先生

去现场那一日，天气很不凑巧。阴沉的萧瑟天气已经连续两日落雨不止。冷飕飕的天空夹杂着细密的雨丝，让人感到内心都充斥着空寂的寒气。然而，到了现场，看到一大片如墨绿色的瀑布的植株之后，心里顿时涌进了一股暖意。我老远就问培建，这是什么树种？这些苗子，长得跟大山一样的威武雄壮。

40多岁的培建，往鼻梁上推了推浅色的近视眼镜，呵呵地笑着说：方老师，那就是我们的北野梓树啊。他的笑容中，充溢着几多自豪。

到了跟前，更是惊呆不已。一是植株粗壮，株高均齐刷刷的，至少有3米之高，犹如打了鸡血似的健壮。最为奇特的是叶子。圆圆的，像蒲扇那么大。在场的濮阳市苗木协会常务副会长杨峰先生见此，立即随手掰下一片叶子。好嘛，那叶子竟然如荷花的叶子，但比荷花的叶子要厚重肥实多了。

常见的梓树叶子，顶多20厘米，而北野梓树，彩伟用盒尺量了量，竟然有35厘米之多。这还不是顶大的。原有的梓树形象，完全彻底地被颠覆了。

北野的技术主管岳彩伟先生插话说，这些，都是开春平茬后的苗子。一年生，竟然长有这么高！神奇！彩伟还介绍说，这些梓树属于北野梓树一号。北野二号的叶子更大。但可惜在另外一块比较远的地块种植，我没能目睹其风采。但看到北野一号梓树，我已非常之兴奋了。

据彩伟介绍说，北野梓树是他们从华北梓树、东北梓树和西北秦岭梓树中经过多年观察之后，选育出来的。他们在此之前，还有一个民办的科研单位，这个科研单位，就是濮阳市北方野生观赏植物科学研究所。研究所经过多年的努力，搜集了有400多个野生乡土品种，多是大乔木，可以推广的品种很多。我在他们的资源圃也目睹到了，耳目一新的东西确实不少，都是我从未看过的。他们为什么要大力繁殖推广北野梓树呢？

培建说，主要原因是前2年国家林业局发布了一条信息说，国家储备林的储备品

种就有梓树。梓树之所以要列入国家储备林品种，起因是此树不仅为乡土树种，而且适应广泛，管理粗放。

北野梓树更是如此。据了解，他们把北野梓树在河北承德、东北牡丹江和西北六盘山等不同地区做过布点实验。实验表明，北野梓树不仅长势快，叶子大，而且干性好，枝叶紧凑，树冠优美，树皮光滑，几乎没有病虫害。少浇水，不施肥，也是他们繁殖种苗的主要做法，目的就是让其适应广泛。

乘风破浪会有时，直挂云帆济沧海。北野梓树，成形快，用途广，在不远的岁月里，广泛的种植，广泛的应用，是必然的！

2017 年 10 月 13 日上午

32 厉害了！邱炳国先生的丛生白蜡

丛生白蜡惊艳出世

邱炳国先生，是山东省东营市丛生苗木种植合作社的总经理，拥有苗木3000亩。因为参加苗木会议，邱先生老早就认识了我。但因为没有深入接触过，我却不认识他，更是不了解他独有的实力。前些天，我到聊城冠县参加苗木论坛，今年整四十的炳国也在现场。就餐时，我们恰好坐在一桌。我问他是哪里的？长得白净的书生模样十足的炳国哈哈一笑。他说：我是东营的。旁边的人马上接过话茬说，他叫邱炳国，邱总，称得上是苗木业的丛生大王。我一愣，问依然含笑的炳国：你的丛生植物是附属的吧？主打品种是什么？他又是哈哈大笑，然后说：我的主打品种就是丛生植物，例如丛生白蜡。方老师，有空一定要到我那里指导指导！他的语气透露的是真诚，而不是随便说说。

白蜡，是苗木中的常见树种，无人不知，无人不晓，而且这几年的发展出现了阶段性的过剩。至于丛生白蜡，倒是从来没有见过，也从未听说过。丛生的植物不少，但丛生的白蜡为何物？一个普通的司空见惯的树种能有什么名堂？我是想像不出的。于是，出于好奇，我立马答应了炳国的邀请。

9月26日，时隔10天，我便来到了东营，来到了炳国的苗木基地。到了基地，一下车，我就惊艳的不得了。天啊，炳国培育的丛生白蜡简直捅破了天，大有"疑是银河落九天"的美妙感觉。

那丛生白蜡，可不是我想象的普通丛生。普通的丛生，就是常见的灌木，也就是一米多高，若是两米多高，已经是了不得了，而这里的丛生白蜡，竟然有6米多高。好高大啊！冠径至少有四五米，枝叶浓密，枝条为浅白色，好像个雍容华贵的阔太太，为丰收的秋天奉献出自己独有的神韵。丛生白蜡，长的如此高大，如此的丰满，如此的精

93

致，这是我几十年从事花木宣传所从来不曾看到的景象。什么叫一级树？什么叫有高质量的树，什么叫新颖别致的精品树，不用我过多赘述，您到了现场，就找到答案了。

那一天，靠近黄河与大海交界处的东营，刚刚下过一场绵绵柔柔的秋雨，地面上显得有些泥泞，空气中弥漫着一层薄薄的水蒸气，植物的叶子湿漉漉的。我们到现场时，已经是下午4点多钟。出门时天空是阴沉的，但到了基地，白中带黑的乌云竟然被太阳撕破了一道口子。一抹抹耀眼的阳光照亮在高大的白蜡上，闪闪发亮的，好像镀上了一层金光。本来就非常诱人的丛生白蜡，越发显得分外妩媚迷人。

那一丛丛白蜡，株行距都是6米，横看成岭侧成峰，宽宽敞敞的，整齐一致。地上干干净净，不见一株杂草。也难怪，都是机械化除草。

靠近地表的砧木树皮是粗糙的，纵向的外皮一溜溜的，好似是车道沟一般。而上面分裂出的六七根盎然向上的丛生主干，外皮却光溜丝滑。这些丛生白蜡，显然是嫁接的。我问炳国，同样是白蜡，为什么砧木和丛生的差距这么大？炳国又是哈哈一笑。他说：砧木是普通的老白蜡。老白蜡分好几个品种，我使用的砧木是其中的一种，不少老白蜡，最早是外来的。而我的丛生白蜡，却是地道的中国白蜡。最为鲜明的特点是，干是光滑的，没有粗糙的树皮，过了中秋，叶子会变为深黄色，而我选择的丛生白蜡，又是中国白蜡中少有的丛生的，很难得的。这是前些年，我在东营一个自然保护区发现的。分枝能力特别强。当时只发现了1棵。我如获至宝，采集了条子，先是进行繁殖。有了一定的数量，就开始大规模的嫁接了。总共种了160多亩。

160多亩，势如破竹，好！大规模繁殖很重要。好的东西，没有量是不行的。现在，很多好的树种，包括好的品种，就是因为没有量，而用不到城乡绿化上，等于看画，这是不行的。而炳国做到了。

大规模的嫁接是哪一年？我问炳国。

炳国说：2012年嫁接的。5年了。当时的砧木是2厘米，芽子也就1厘米粗，细的很，都微不足道。

我说：5年竟然长这么高，真是奇迹。

炳国还是哈哈大笑。他随后解释说：长得快的，因素是多方面的，不是单一因素。一个是丛生白蜡分枝能力强，长势旺盛，扩冠能力强。二是定植时，株行距很宽，3米乘3米。

我惊叹，那么小的苗子一下子就是3乘3？2乘2就相当不错了。

这么宽的距离，我还什么都不套种。炳国说。

到青州高铁站接我的炳国夫人也在现场。这是个温柔贤惠的女性。她插话说：当时种了这些小苗后，太渺小了，因为没有任何套种，地里跟空的一样。

炳国又是一阵哈哈大笑。他说：当时东营的人都说我是败家子，都说我是邱疯子，地里哪怕套种点黄豆也好啊。

作者与邱炳国先生（右）在丛生白蜡基地合影

我说：是啊，省的浪费土地。

炳国已经搞过20多年的苗木，他可不这么看。他说，套种是对丛生白蜡生长有影响的。看起来，苗子跟黄豆不着边，互不影响，但地底下，豆子的根还是会和苗子争营养的。他为此做过实验。

按照炳国的介绍，苗子长势又快又好还有一个重要的原因，那就是他对这块土地做过营养测试。施肥都是有针对性，有科学性的。种植苗木，若想有好的质量，都应该进行土壤测试。不然，就是盲目种植，不清楚您所种植的苗木缺什么元素，无异于盲人摸象。

在现场，我对炳国说：你的这些白蜡真是难得的精品，种到天安门广场都够嗨。他哈哈笑道问我：方老师你猜，这1棵丛生白蜡能卖多少钱？

至少能卖三四千的。我说。这些白蜡，地径也就十二三厘米。这么大的一棵乔木白蜡，也就卖数百元。我猜三四千，已经是给了放宽量了。

他哈哈大笑说：有的绿化工程商已经出价1万元了，我都没卖。

他说，他要养到地径15厘米才出手。

1万元，还不卖？还要等待变粗再升值。可见，炳国对他的丛生白蜡市场看好是充满信心的。因为他是独有。好东西，绿化市场又需要，他就是物价局。

现在，他的丛生白蜡苗子已经形成了阶梯生产。既有5年生的大苗子，也有3年生、4年生相对小一点的苗子。一个苗圃的拳头产品，就是要形成一个梯队才对。这是苗木生产走向成熟的一个标志厉害了，邱炳国的丛生白蜡！

2017 年 10 月 1 日

㉝ '娇红1号'，一束鲜艳的耀眼的火炬

　　'娇红1号'红花玉兰，是木兰属玉兰亚属中的一个天然植株（种或变种）。自从湖北宜昌的众森生态林业股份有限公司把其推向市场后，在新优乡土树种中异军突起，如同一束鲜艳的耀眼的火炬，红彤彤的，映亮了苗木业的天空，吸引了无数人的眼球，备受青睐。我昨天在鄂西南的湖北宜昌，具体一点说，是在距离湖北宜昌100公里的五峰县大山里，看到了'娇红1号'红花玉兰之后，强烈地感受到了这一点。

　　'娇红1号'红花玉兰，是北京林业大学马履一教授为首的专家研发创新团队，前些年在湖北省五峰县的大山里考察时发现的。连绵不绝的五峰县大山，植被丰富，气候宜人，其中木兰科的植物群落尤为丰富。

　　每年的3月上旬，这里的山山岭岭，到处可以看到盛开的雪白的白玉兰花、粉红色的玉兰花，把早春的大山，把缺少生机的山体，打扮的分外妖娆绚烂，生机盎然。娇艳的红花玉兰，就悄悄地隐藏在这大山里。它是玉兰亚属中一个新事物。由于马教授他们只发现了一株宝贝，因此还不能认定是一个新种或者是变种。

　　大约六七年前，'娇红1号'被马教授命名后，轰轰烈烈开了新品种审定会。好的植物品种是用来绿化美化环境的，不是用来金屋藏娇的，很快，便成立了北京林业大学红花玉兰产学科研创新联盟。生产推广的责任，就落实到了湖北众森生态林业股份有限公司。

　　木兰科的树木，在鄂西南地区开花是早春的3月上旬，比我居住的华北地区要早20天左右。'娇红1号'红花玉兰是玉兰家族中的一个成员，属性与其他的玉兰没有什么区别，开花时间自然也是3月上旬。玉兰，我见得不少，有粉红花的玉兰，有白色花的玉兰，也有着黄色花的玉兰，但唯独没有见过大红纯正花朵的玉兰。

　　我的小院里就有2棵玉兰，也跟红沾边，叫红运玉兰，但颜色仅是粉红色而已，到了花瓣败落的时候，还近乎苍白。

'娇红1号'红花玉兰，尽管在2016年年底，在第四届十大新优乡土树种推介会上，众森生态董事长李承荣先生在会议上进行了推介，我对此有了一定的了解，但我总觉得隔着一层膜，云里雾里的。俗话说，耳听为虚，眼见为实。我始终相信看得见的东西。正因为如此，自然要在'娇红1号'红花玉兰大放异彩的时候，一睹其美艳的芳姿。

　　应承荣邀请，2017年3月5日夜里，我从上海乘飞机深夜赶到了宜昌。6号上午，驱车近两个小时，在曲里拐弯的山路上绕来绕去，左边是山，右边还是山，一会上坡，一会下坡，一会山穷水尽，一会峰回路转，转的很不习惯，甚至有点恶心头晕。但来到五峰县的仁和坪镇，下了一个小坡，看到了娇媚超群的红花玉兰，如同惊鸿一瞥，好似雨后彩虹，我还是惊艳极了，忍不住兴奋，大声叫道：哇噻！太美了！太美了。

　　那'娇红1号'红花玉兰的展示基地。从南到北，横卧在一条平缓的沟谷里，左边是山，右边也是山。这块平整的山地有50多亩。

　　在占有统治地位的大山里，找到这么大一块土地是不容易的。高接的'娇红1号'红花玉兰均有3米来高。

　　一棵棵，一排排，分外的整齐，都种植在一个个黑色的容器里。地面上，铺就的是一根根滴灌管。浇水不是漫灌。此时，因为前几日比较阴冷，花朵开的尚不太多，全部开花还尚待数日。虽然没有铺天盖地火红的感觉。但恰恰是那零零散散、如同火把的花朵，才显得更加耀眼夺目。

　　那红，不仅花朵的外面是深红色，花瓣的里面也是深红色。浑身上下，从里到外，均是一个颜色。你如果从远处看，它好像是一朵朵火红的塑料花，是人为挂上去的，但你走进跟前抚摸一下娇媚的花朵，才知道它是娇嫩的具有生命力的花朵。

　　陪同我的李承荣先生介绍说，'娇红1号'红花玉兰，不仅开花时是全红的，即使凋零时也是红的，不会因为阳光照射而有一点的褪色。

　　'娇红1号'红花玉兰是好东西，受不受青睐要看客户的检验。我们昨天到了众森生态的'娇红1号'红花玉兰基地，已经是午后。本来吃过饭后要返回宜昌的，但陆陆续续，迎来了西安、平顶山、郑州、金华四地看花买苗的客户。今天还有几拨客户要来。他们不辞辛苦，千里迢迢开车来到鄂西南的大山里已是很说明问题的。为什么就看好那娇红的红花玉兰呢？况且，价格也不低，而且最低销售要100棵苗子起步。

　　我思来想去，感觉起码有这样两条。

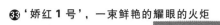

③ '娇红1号'，一束鲜艳的耀眼的火炬

从左至右：杨树人先生，作者，李承荣先生

一是'娇红1号'红花玉兰，以其独有的色彩，脱颖而出，成为木兰科中独有的大红品种。按照园林行业权威人士的说法是：'娇红1号'红花玉兰，中国独有，世界稀有。它的出现，颠覆了所有对原来玉兰品种的认识，必将有一个非常阔广的应用前景。出现这个好东西，北京林业大学马教授的功劳无疑是第一位的。还有，帮助马教授团队做好后勤服务的时任五峰县林业局局长的杨树人先生。我昨天在五峰县，见到了这位为'娇红1号'红花玉兰铺路的幕后英雄。还有，功不可没的就是大力繁殖'娇红1号'的李承荣先生，还有众森生态林业这个生机勃勃的团队。

其二，无数事实证明光有好东西，光有繁殖能力，没有强有力的宣传也是不行的。好酒也怕巷子深。况且是竞争激烈的苗木业。我们的科研单位，新的品种不少，一些企业，手里也有好的新优品种，但动静就是不大，社会的认知度差。为什么？就是推广力度不到位。总是小打小闹，是成不了什么大气候的。在这方面，李成荣先生就做得很到位。他在宣传上，是闪电式的，是势如破竹式的。不说远的，就说新春之后这一个多月，他们在五峰县，组织了一个近300人的关于红花玉兰的产业发展论坛。

我到宜昌市时，公司的总经理万晓峰先生正在远赴石家庄，参加那里的苗木展会。3月中旬，他们还将参加国内各种有影响力的苗木展会。

近日，他们还花了近10万元，连篇累牍的在中国花卉报上大做广告。没有这一连串的密集宣传，'娇红1号'怎么可能这么红？怎么可能这么火爆？您说呢？

2017年3月7日上午，于湖南宜昌

㉞ 金丝吊蝴蝶（金线吊蝴蝶）

金丝吊蝴蝶，听到这名字就感觉很美。世界真是奇妙无穷。

前天，我来到陕西大唐苗木的卫矛基地，也就是西安东郊方向约 40 多公里的蓝田。在一处地势起伏的丘陵地带，我看到成群结队的金丝吊蝴蝶，感到美极了！我惊叹大自然的神奇了。自然界竟然开放出如此神奇的花朵，这是我以前不敢想象的。

金丝吊蝴蝶，不是什么真的蝴蝶，也不是什么好似花朵的蝴蝶，而是卫矛科中的一种乡土树木。

古人云："黄四娘家花满溪，千朵万朵压枝低"。倘若是春日里树木上盛开的花朵，已经很是稀少，而此"金丝吊蝴蝶"，是花朵座下的果实酷似蝴蝶的形状，更是少而又少。不禁让人想到春日天真烂漫的真蝴蝶了。不知别人，反正在见到此植物，我这个跟植物打了几十年交道的人是头一回大开眼界。

那好似蝴蝶的精灵，若是像年宵花的蝴蝶兰也就罢了，蝴蝶兰的花瓣，朵朵近乎向上开放，而被一根如发丝般纤细丝线牵引的"蝴蝶"，是下垂的，纤纤的"丝线"达 20 厘米长，不说精美绝伦，也近乎精美绝伦了。于是，那一株株 2 米高的树冠下，一只只玫瑰红似的"吊蝴蝶"，聚在浓密伸展的枝叶下，好似一群群嘻嘻哈哈、有说有笑的美少女，身穿华丽盛装，准备登台翩翩起舞了。

随同我来的，是山东省淄博市川林彩叶卫矛新品种研究所所长翟慎学先生。他是知名的卫矛科植物专家。金丝吊蝴蝶，就属于卫矛科植物。那吊蝴蝶由两部分组成，一部分是翘立的四角，另外一部分是拥挤在一起的几粒红豆。红豆是果实，但托起果实兜形的四角是什么？我请教翟先生。翟先生很内行地介绍说，那是假种皮。

我第一次看到金丝吊蝴蝶，是今年的 5 月下旬，就是在翟先生的彩叶卫矛新品种研究所里。他的研究所有卫矛科植物 40 多种，大家熟悉的丝绵木、北海道黄杨、胶东卫矛等，都是这里的成员，但也仅仅是他众多卫矛科品种的成员之一。

目睹金丝吊蝴蝶，也是偶然。翟先生陪同我在他的种苗繁育基地参观。我在地里看了各种各样的卫矛科植物，突然，我在一株2米来高的树木前停了下来。脚步仿佛定住了一样。原来，是被一个个纤细的绿丝下垂的小铃铛吸引住了。看我驻足停步，翟先生得意地笑了笑，说，不知这是什么吧？

我说，从来没有瞧见过。

他说，仔细看看这个垂下的兜像什么？

我端详了一番说，像一只蝴蝶。

他仰头大笑，说，对的，这个叫金丝吊蝴蝶。现在它还是绿的，到了国庆节后，随着夏日的结束，秋天的到来，它就逐渐变黄了。但这还不是它最为美丽的时候。

当时，我急不可耐地问：难道它还会变色？

翟先生说，对的，到了10月下旬，随着冷空气的增加，它还会变成玫瑰红色，好看极了！

我说，到时候上你这里来欣赏。

从左至右：李高峰先生，作者，翟慎学先生

工人们正在给客户准备金丝吊蝴蝶苗木

他说，我这里就那么一点，你要看，我带你到西安蓝田的李高峰那里。他那里是金丝吊蝴蝶的源头。

于是，就有了这第二次目睹金丝吊蝴蝶的机会。这一次，在高峰那里，真是大开了眼界。此时，恰是金丝吊蝴蝶风姿绰约的最佳时期，而且是在一个阴雨多日过后的初晴之日。

李高峰先生，四十出头，温文尔雅，与粗犷的西北汉子完全不沾边。他告诉我，金丝吊蝴蝶，是一位老者十多年前从西安东郊张百万家搞了一些接穗，继而繁育而成。高峰是个有心人。他已用 7 年多时间，在前人的基础上继续改良了这个神奇的植物。经过他的不懈努力，开始被社会认知，但也仅仅是"小荷才露尖尖角"而已。

"彩蝶飘飞誉中华，大唐卫矛盛华夏"，这是翟先生对金丝吊蝴蝶的厚望。是啊，这么极为美妙的植物，这么一树花开的旺盛生命，但愿翩翩起舞，早日"飞向"中华大地各个角落。

李高峰先生，也有了一个大胆的扩展计划。因为，没有规模，没有一定的土地面积种植，那妖媚娇艳的金丝吊蝴蝶，怎么可能"飞向"祖国的四面八方？

2016 年 11 月 3 日

101

❸④ 金丝吊蝴蝶（金线吊蝴蝶）

㉟李志斌，悄悄地攒下一批楝树

石家庄市农林科学研究院林木花卉研究所所长李志斌先生，因为搞高山杜鹃科研推广，闻名花木业，如今是公认的高山杜鹃方面的权威专家，被评为"杜鹃大师"。然而最近我去石家庄，见到他，他却爆出一个科研冷门，推出了古老的新优乡土树种楝树。

楝树，就是河南、河北等地老百姓称作苦楝的树种。他是"悄悄地进村，打枪的不要"，不声不响，已经繁殖出了50亩地的优质楝树种苗。

志斌从事树木科研工作我是老早就知道的。大约数年前，他们的石家庄市蔬菜花卉科研所合并到市农林科学研究院后，他的研究所的性质就发生了显著的变化。从名称即可看出，林木花卉科研所，林木是排在前面的。虽说，高山杜鹃属于木本植物，但是以观花为主，人们还是习惯把它划作花卉的圈子。

我和志斌是老朋友，快30年了。当时见了他我就提醒道：你们现在是林木花卉研究所，应该把一定的科研精力投入到林木科研方面。

他听了，呵呵一笑，轻描淡写地回应说：没闲着，搞着呢。

我说：搞得是什么树种？他还是呵呵一笑说：现在先不告诉你。言外之意，现在还是处在保密阶段。这事就这么过去了。

这一回，到了他们科研所，看了大棚里的高山杜鹃，齐刷刷的，像是面板似的，都一米多高之后，我忍不住又问他：你的树木科研，好像养在娘家的深宅大院，什么时候见公婆哦？向我还保密？能不能透露一点？

他吃吃地笑笑，犹豫了一下，这才说道：告诉你吧，是楝树。

哈哈！楝树，我早在四五年前就写过赞美楝树的文章。赞美楝树，是因为初夏在郑州的黄河岸边，见到一棵六七米高的植株而引起的。那楝树略微地向右倾斜，姿态阿娜，满树盛开紫红色的花穗，一嘟噜一嘟噜的，甚是优美好看，成为黄河岸边一道独特的风景。但这个树种，各地的苗圃里却没有繁殖育苗，几乎都散落在乡村房前屋后。我对志斌说：这是一个非常好的乡土树种，搞这方面的科研，你真是做了一件非常好的事情。

怎么想起选择楝树搞科研呢？我问志斌。

他又是吃吃一笑，然后不紧不慢地告诉我，这楝树，好像是天下掉下来的一个林妹妹，可以说，是无心插柳柳成荫的结果。他说，大约10年前，他从山里采集了不少的腐质土，一年之后，从褐色腐烂的泥土中长出一棵树苗。那树苗一年就窜了2米多高，灰色的树干笔直挺拔。仔细观察之后，才知道那是楝树。这楝树历经10年，如今已经成为大树，就生长在他们研究所大门的边上，成为最为靓丽的绿色风景线。远远看去，像是一棵枝叶繁茂的大国槐，走近了一看，才知道树叶与国槐的叶子有本质的区别。

浓密的枝叶间，悬挂着一串又一串绿色的果实，我忍不住爬到房子上拍照。志斌兴奋地说道：你看，那果子多像一个个小元宝！是的。这招人喜爱的小元宝，到了冬天，都变成了金黄色。一直到第二年春才纷纷落下。现在，志斌他们已经选育出到冬天也是挂绿果的植株。

楝树给我的印象，是中小乔木。志斌纠正说，楝树可不是中小乔木，它是高大乔木，不比悬铃木、国槐长得矮，十几米高，20米高，都是没有问题的，就连与高大的杨树相比也完全可以一比高低。是啊，科研所大门的那棵楝树起码已有十几米高。

志斌还告诉我楝树惹人爱的一大优点。他说：这楝树基本上没有病虫害。前几年，到了夏日，美国白蛾闹得很凶，楝树周围的树木都浸染了美国白蛾，叶子被吃的

李志斌先生在楝树繁殖基地

稀里哗啦的。唯独楝树叶子安然无恙，风景这边独好，看不到一只美国白蛾。

这样优良的树种，抗寒炕旱，耐土壤贫瘠，又没有什么病虫害，长势还快，不推广，不繁殖出优良植株，都对不起老祖宗。不是吗？

中华大地，植物种类资源极为丰富。楝树是其中之一。我随后到了志斌他们的楝树繁殖基地。尽管那天已经接近黄昏，但在我的请求下，志斌开车，还是带我来到了郊外，距离石家庄市区 30 公里的农林科研院的试验农场，看了他们繁殖的楝树苗子。一棵棵 4 米多高的楝树苗子，有五六厘米粗，英姿勃勃，像充满生命活力的美少年。这样的苗子，只是定植不过 2 年生的苗子，就长到了这般粗。

志斌说：经过长时间的科研，他们不仅实现了批量性的繁殖，而且完成了楝树的组织培养、种子繁殖和植株选优的工作，很快就要进行新品种审定程序。

我这才知道，科学家做事的作风是严谨的。他犹豫一下才透露出楝树，没有宣传是因为还没有进行品种审定。我说，先在业界吹吹楝树的风儿总是可以的吧？

李志斌又是吃吃一笑。

2016 年 9 月 12 日晨，于润藤斋

36 '热恋'白桦真神速

太神速了！太神速了！青岛彩盛农业科技有限公司繁殖的'热恋'白桦太神速了。

跨度 2 年，但满打满算，也就一年的时间，该公司已经繁殖出 10 万株优质的'热恋'白桦种苗，真是不得了。

2017 年 6 月 19 日，我和青岛市苗木协会会长李荣桓先生和副秘书长孙杰先生，在公司董事长胡爱章女士的陪同下，见证了这个神速的奇迹。

推广，大规模的推广'热恋'白桦，由此就有了实打实的保证。推广，没有数量，小打小闹，对于偌大的全国市场来说，不够塞牙缝，是算不得什么推广的？

青岛彩盛，原来叫青岛枫盛彩林农业科技有限公司。数月前，改名为青岛彩盛农业科技有限公司。去掉了两个字，公司的发展目标更加明确简洁了。彩盛，是枫盛彩林的缩影，没了"枫"字，彩林的范围就不局限于枫树，而是囊括了所有正在发展的新优彩色苗木。科研、繁育、生产、销售、扶贫、生态园区为一体。

青岛彩盛，依托的是青岛华盛绿能农业科技有限公司。华盛绿能，是一家生产光伏太阳能新型能源的集团性公司。在青岛即墨，走进他们的光伏太阳能大棚基地，无论是室内还是室外，到处可以看见"青岛农业，创客空间"八个大字。"海阔凭鱼跃，天高任鸟飞"，有识之士，在这里可以大显神通，施展才华。

胡爱章女士就是其中之一。她锁定的苗木主要有：美国红枫、北美冬青、欧石楠、变色龙须柳、花木蓝、火焰南天竹、木香、地被玫瑰、多花紫藤等。在这个系列的新优彩色苗木中，'热恋'白桦，诚然是主打的品种之一。

爱章为何看好白桦？垂青'热恋'白桦？这位在园林苗木业打拼多年的女中豪杰说，她从小就知道白桦这个美丽的树种。比如，优美动听的《北国之春》一开头，就有白桦的歌词：

"亭亭白桦，悠悠碧空，微微南来风，木兰花开山岗上，北国之春天，啊，北国之春天已来临"。

多么优美，多么耐人寻味！大了一点，她还读到了俄罗斯著名诗人叶塞宁的《白桦》一诗，就更加喜欢上了白桦：

胡爱章女士

"在我的窗前，有一棵白桦，仿佛涂上银霜，披了一身雪花。毛茸茸的枝头，雪绣的花边潇洒，串串花穗齐绽，洁白的流苏如画。在朦胧的寂静中，玉立着这棵白桦，在灿灿的金晖里，闪着晶亮的雪花。白桦四周徜徉着，姗姗来迟的朝霞，它向白雪皑皑的树枝，又抹一层银色的光华"。

在一个小姑娘的眼里，串串花穗绽放，洁白如画。亭亭玉立，风姿绰约，妙不可言。在她的窗外，要是也有一棵屹立的白桦，该有多美！

白桦是大乔木。教科书上说，可以长至 20 ~ 25 米高。爱章认为，即使有十五六米高，也是不可多得了。这是一个典型的观干彩叶树种。

可青岛，却看不到它的倩影。她是土生土长的青岛崂山人。崂山有的是树，各种姿态的，但却没有犹如白马王子一样英俊的白桦。青岛市区，更是一毛白桦的影子也没有。她到了东北，在巍峨的长白山上，在绵延不绝的大兴安岭，看到了树皮犹如白纸一样光滑细腻的白桦，惊艳不已。但那些白桦，不怕寒冷，不惧冰雪，却不大适应高温。

于是，她一直关注寻找喜热的白桦，下决心要把白桦引到长城以南的广大地区，为绿化美化环境添光彩。两年前，她终于找到了能耐 30 多摄氏度高温的白桦品种。经过精心选育，她初步把这种白桦称之为"'热恋'白桦"。

呵呵，温带环境与白桦植物热恋，够嗨！

2016 年，大约这个月份，我到过她的光伏温室大棚，见到过喜热的白桦。她的白桦，跟目前市场上出现的耐热白桦有所不同。耐热白桦，是杂交的成果。她的白桦，就是喜热的白桦。当时，我在现场，就看到那么十几棵小白桦，跟宝贝似的，隐藏在大棚的深处。四周，几乎被美枫（美国红枫）的'秋火焰''十月光辉''红点'等品种掩护着。外人，你是无论如何找不到白桦的。

胡总是一个说话很轻、笑不出声、走路很轻的人，但做事向来果断迅速。发展

'热恋'白桦更是如此。

在一个光伏温室大棚里，放眼望去，一排排，一垄垄，全是生长茁壮的白桦种苗。总共 10 万株苗子，这里只有三四万株，另外六七万株不在青岛，而是在她的浙江长兴养殖基地。

两个月前，这些苗子也就 40 厘米高，如今几乎都已有六七十厘米高。当然，这是我的观察。孙杰先生见此，马上蹲下来用手测量。他断定说，真是有 80 厘米高。

孙杰先生还问胡总，这些白桦的树皮什么时候可以变白？因为，我们看到的白桦小苗外皮没有白色，都是接近黄褐色，

胡总说，两年之后吧，这些白桦就可以爆裂，白色的树皮就显山露水了。小苗，是不爆裂的。说到长势，胡总说，每年长 1.5 ~ 2 厘米粗是有保证的。

这 10 万株苗子，在这么短的时间内，犹如天兵天将下凡，如何变幻，如何横空出世的？很简单，不是扦插，也不是嫁接，而是组培。

组培是胡总的拿手戏。她的背后，有一个强大的组培团队支撑。组培的苗子，不仅长势快，繁殖神速；而且因为经过脱毒，没有病毒。根系与种子苗一样，有主根，有侧根，而且毛细根丰满。好苗养好树，在论的。她扒开一棵小苗的基质，让我们看。好嘛，根部长满了细密的毛细根。根系丰满，植株吸收的营养自然会足。按照胡总的话说，这些七八十厘米高的苗子到了深秋，长到两米来高是有保证的。

白桦，'热恋'白桦，向未来，前景无限！

在青岛彩盛的强大推动下，这个美丽的树种一定会光耀中华大地！

从左至右：李荣桓先生，胡爱章女士，
本文作者，孙杰先生，在'热恋'白桦种苗大棚

2017 年 6 月 21 日晨

③⑥ '热恋'白桦真神速

㊲ 水榆花楸，杨锦的又一个好树种

我要为杨锦先生歌唱。可惜，我不是歌手，只能做拙文算作歌唱了。

杨锦先生，是山东省荣成市东林苗木种植专业合作社董事长。近年来，他以推广新优乡土树种玉玲花闻名苗木业。人们想到玉玲花，就会想起杨锦，想到杨锦，见到杨锦，人们便会想到那浓香淡雅的玉玲花。玉玲花，是数年前杨锦先生从附近的大山里挖掘出来的宝贝。如今，他又隆重推出了山里的另外一个宝贝。这就是水榆花楸。

杨锦先生，50 多岁，荣成俚岛人。俚岛，紧邻大海，是白天鹅的摇篮。他长得不高不矮，中等个儿。圆圆的脸膛，被海风吹得有点发黑。一见人，总是露出一脸憨厚真诚的笑容。别人评论他人是非，他总是呵呵一笑。不会发表任何看法。在他眼里，只要认识的都是好

杨锦先生在拍照水榆花楸

人，都是朋友。他的笑容，总是带着一点岁月的波纹。平和，开阔，似乎闪烁着灿烂阳光的波纹，莫非是让海浪亲吻过留下的痕迹？

2017 年 3 月份，我在山东兖州见到杨锦先生时，他便问我，今年还搞不搞十大新优乡土树种推介会了？十大新优乡土树种推介会，是我和苗木中国网主编刘晓菲女士共同策划的，由她的网站主办，一年一届，已经连续举办第四届了。杨锦先生的玉玲花，入选了第二届。这个活动，一届比一届受欢迎，一届比一届受追捧。也难怪，我们的植物资源丰富多彩，好东西多的是，为什么眼睛里总是盯住银杏、法桐、白蜡那十五六个树种？对于这个问题，杨锦先生看得非常清晰。正因为如此，他才花巨资挖掘野生植物资

源，推广新优乡土树种。既然行业的有识之士这么重视新优乡土树种的推广，今年怎么可能不再搞第五届呢？肯定搞，肯定要把新优乡土树种再推向一个新的高潮！

我对杨锦说：再搞就是第五届了。

杨锦敦厚的一笑，说：那我今年再报一个，保准你也喜欢。

再报一个什么树种呢？他说得很快，加之有浓郁的地方口音，我一时没有听清。因为当时大家都忙，加之活动时间尚早，这事也就岔过去了。转眼到了金秋，该是考虑第五届10个新优树种的事了。这几个月，陆续报名的人不少，候选树种大大超过了十个。但凡事总有个先来后到。杨锦跟我说的最早，况且他还说保准我喜欢。他是见过大世面的人，眼光一定错不了。国庆节前，我给他打电话，再一次问他报的是什么树种？

他说：是水榆花楸。我没听清，又一次问他。他大声说：是水榆花楸。

这一次，我听明白了，水榆花楸。我不清楚长的什么模样，但花楸还是知道一点的。那是大前年（2015年），我到哈尔滨北面的五大连池旅游。那时，恰好也是金秋。早起，我到酒店的马路上散步，就见甬路的绿化带上，有一簇簇2米来高的灌木。已经发黄的叶子中，缀着一嘟噜一嘟噜红色的果子，如玛瑙一样晶莹明亮。打电话问了哈尔滨的孙更先生，才知道是百花花楸。

如今，杨锦先生说的水榆花楸是什么花楸呢。花楸的品种不少。也是灌木？我查了一下百度，这才知道，水榆花楸为蔷薇科花楸属，不是灌木，属于高大乔木，可以长到20米高。好东西，真是好东西啊！我们的城乡绿化，缺少高大的挂果的大乔木。但我毕竟没有目睹过水榆花楸的风采。我正想开口说想要亲眼去看一看的话，嘴巴还未张开，杨锦先生便说：方老师，欢迎你来现场考察！你来了，我带你到山上看看水榆花楸的大树。

我说好。前几年，他推广玉玲花时，就是先让我到山上看的有一百多年的玉玲花大树。随后，我又问道：水榆花楸，有繁殖的小苗子吗？

推广新优乡土树种，重在推广，倘若没有批量的小苗子，推广还有什么意义？资源有的是，形不成繁殖的批量，又有什么价值？

杨锦呵呵笑了，说：当然有小苗子了。

重在推广，杨锦是深知其重要的含义所在。说白了，我们老祖宗留下了那么多的好东西，在盛世繁荣的当今中国，就是要延续其生生不息的香火，让其传宗接代，为建设我们的美丽家园服务，为实现生物多样性服务。这是每个行业人士义不容辞的责任。

2017年9月27日，这是一个阳光高照、爽风习习的好天气。温柔的海风吹来，脸上感觉到有几分丝滑，这是在内陆地区所感觉不到的。杨锦先生和市林业局的一个

同志，带领我来到距离俚岛不远的一座高山上。哇噻，我终于看到了水榆花楸，看到了上百年的水榆花楸大树。

那树，就在山下的一座桥洞前。树有四五十厘米粗，树皮灰白光洁，跟粗糙的榆树完全不同。树干足有四五米高。树冠伸开，像天女散花，又像撑起了一把巨型的大伞。那伞的枝枝杈杈，缀着一簇簇果子，密密匝匝的。纤细的把儿上，顶着一颗颗杜梨那么大小的果实。一簇簇青色的果实有的已经开始泛红，好似被秋姑娘涂抹了一层红色的粉釉。杨锦先生说，方老师，漂亮吧？

不论是远观还是近看，都太漂亮了，太漂亮了！我不禁赞叹道。

树下，拴着一只花色的大狗。那狗看我不住地抬头看，它也抬起头，不停地往上看，然后不停地朝我叫。"汪汪，汪汪"。那声音是柔和的没有凶悍的，似乎在说，这是我的领地。我的树漂亮吧！

杨锦先生说，这红色的斑点，随着秋色的浓郁加重，色彩会一天比一天红，绿色的叶子也会在果实的带动下，从绿变红。叶子，与我们常看的榆树叶子相似，叶卵形，叶脉很明显，成规则的皱纹。但内地常看的榆树叶子小，而水榆花楸的叶子要大很多，很像新疆的大叶榆。

那树，俨然就是山里一道精彩绝妙的风景。

山坡上，与大树相邻的，簇拥着不少低矮的植物，诸如酸枣、柿子、黑枣、无花果、西红柿、还有匍匐的藤本瓜秧，经一个夏天酷暑的洗礼，那些果实也都显现出了成熟的丰收的景象。红的红，黄的黄，而领头的，毫无疑问是那高大的水榆花楸了。

若是多一些水榆花楸就好了。我说。

山里面，多的是。杨锦插话说。我抬眼望去，就见层峦叠嶂的高山上，都是浓密高大的植物，而众多的水榆花楸就隐藏在里面。绿色青山，就是金山银山，也有水榆花楸一份功劳。

杨锦先生告诉我，他最初并不认识水榆花楸。2013年，青岛农业大学园林与林学院院长刘庆华教授来了之后，他才知道其大名，才知道水榆花楸是好东西。

令人高兴的是，杨锦先生已经把这些远在深山无人问的"大家闺秀"，请出了大山。

我在他的基地里，看到了他播种的一棵棵、一排排的小苗。粗壮的小苗，已经有近1米高。有苗不愁长，这是在论的。

杨锦先生，又为弘扬推广新优乡土树种立了一大功！

2017年10月8日上午

38 邢台王长江，推广无絮红丝垂柳信心足

我前天黄昏时分，在邢台市广宗县王长江先生的苗木基地里，看到了好大一片无絮红丝垂柳，兴奋得很。

尽管这些无絮红丝垂柳最红的时候要待寒冬腊月，但此时在夕阳西下的原野上，由西向东望去，那袅袅的，垂垂的，软软的一团团柳枝，在柔和的阳光抚摸下，已经开始显现出红彤彤的色彩，如彩云，似红霞，像火焰，给空旷肃杀的大地增添了一抹绚烂的颜色，让人亢奋不已。

王长江先生笑容满面，他问：方老师，你若是中午来，阳光充足的时候，效果还会更好呢！这话，我是毫不怀疑的。

王长江先生，40多岁，中等个儿，四方大脸，一双炯炯有神的大眼睛。这是一个说话做事都很是文雅的人。他的眸子里，一闪一闪的，似乎总是在思索着什么，探索着什么，很像一个学院的教书先生。

是的，他曾经就是冀南地区一所中学的语文老师。高中毕业后，致力于教学工作，一干就是整整8个年头。自1998年起，他开始跟土地打交道，推广无虫害棉花新品种。2013年开始，又拓展到了苗木经营。不论是从事棉花种植，还是发展苗木种植，他始终把自己的公司称为"河北沃欣农业科技有限公司"。

沃欣，展开来说，就是在广阔的沃野上，大力发展的新型现代种植业，总是欣欣向荣，总是充满盎然的蓬勃生机。实际上也是如此。近些年，他获得"河北省科学种田能手""河北省农村优秀人才""邢台市乡土科技拔尖人才"等荣誉称号，就是最好的佐证。事实胜于雄辩。

他从事苗木种植是从2013年冬开始的。那个时候，苗木业从高潮已经显现出低迷的迹象。他也感觉到了。但他进入苗木行业，就是因为相中了无絮红丝垂柳。到2014年夏，他联合另外5个合伙人，郑重其事地开始了苗木经营。那时，他总共引进了 4 个品种。当然，首推无絮红丝垂柳。还有，是无絮干直碧绿雄伟的碧玉杨。还有，是开红花的聊红槐。还有，就是可以有效降低二氧化硫的普瑞杨（普瑞杨，可比普通杨树降低二氧化硫多数十倍）。这 4 个品种，都是新优乡土树种。显然，市场拥有量少，但市场前景广阔。

王长江先生

任何经营，都没有一帆风顺的。只是这种不顺对于王长江先生来说到的有点早。

从 2014 年到今年初夏，近 2 年的时间，王长江先生虽说没有赔钱，但并没有什么明显的经济效益。5 个合伙人看不到什么利润，看不到年终的红利，纷纷与他分手撤股。虽然是友好撤资，他的心里还是如遇到冰冷的寒流，心里有点瑟瑟发抖。

这个时候，家里人也劝他倒手转让。整天东跑西颠的，又没有什么效益，图什么呢？面对种种情况，他不气馁，不后退，知难而进。他坚信这些新品种会有一个美好的前程。

王长江跟我说到这里时，似乎有一点激动。他说，目前他正在全力推广无絮红丝垂柳。我说，你这样想，你这样做，是很对的。

柳树，是中国的固有树种，历史悠久，种植广泛。多少年来，北方的人家，北方的乡村，哪个地方能少得了柳树？

"碧玉妆成一树高，万条垂下绿丝绦。不知细叶谁裁出，二月春风似剪刀。"唐代诗人贺知章的《咏柳》，连小孩子都知道。碧玉一样的新柳，那鲜嫩的丝丝柳叶是谁裁出的呢？哦，原来是像剪刀的二月春风。报春的树木，也恐怕是率先崭露绿色的柳树了。

如今，到了萧瑟的寒冬，裸露凋零的枝条，陡然间华丽转身，由毫无生气的枝条变为耀眼的红色，一直延续到新春，肃杀的冬日该是多么富有生机与活力！真是应了陈毅那句"大雪压青松，青松挺且直"的名言了。

当然，主角不是青松，而是分外妖娆妩媚的红丝垂柳了。

这无絮的红丝垂柳，按照王长江先生的说法，不是雌株，都是雄株。

雄株是不飞絮的。冬日阿娜的枝条为红色，春日又没有飞絮污染，双重的优点集于一身，多好的新品种啊！而这样的柳树品种，在环境绿化上还没有得到应用，销路怎么可能没有？其市场前景怎么可能不广阔？他说的是在理的。

对此，我在从邢台到广宗的高速公路上感触颇深。广宗，在邢台市的正东，稍微偏南一点。驱车走高速，大约有 70 余公里。沿途高速公路的两侧，几乎种植的都是五六米高的垂柳。但此时的 12 月份，已经到了小雪节气，枝条已经一片叶子也不剩了。远远看去，连在一起淡黄色的枝条，在灰蒙蒙的天空映衬下就像黄黄的沙尘，看上去很不舒服。我说到这些，王长江先生连忙说，倘若换上红丝的垂柳，该是何等的景象！

新的不来，旧的不去。王长江先生说，他之所以对无絮红丝垂柳信心十足，也正因为如此。建设美丽中国，打造美好家园，靠的不就是这些绿化空白的新优树种吗？

近日，王长江先生的无絮红丝垂柳，已经被山东临沂召开的第四届全国十大新优乡土树种推介会，列入"新品种特别奖"。

一批无絮红丝垂柳种苗，还有数千棵（6 ~ 10 厘米粗）的无絮红丝垂柳工程苗，今冬明春，将全力推向市场。虽然是新品种，但您别担心价格，王长江先生，走的是大众化的路子。好东西，就是要让更多的人种植，更多的人应用。

2016 年 12 月 5 日上午

㉟ 洛阳新牡丹，助力洛阳国际牡丹园

2017 年 11 月，第五届全国十大新优乡土树种推介会在山东青岛即墨举办。来自河南洛阳的新牡丹为推介会获奖品种之一。其推介人，是洛阳国际牡丹园的主任霍志鹏先生。

霍志鹏先生，是我 30 余年的老朋友。2018 年 4 月 23 日，按照事先与他的约定，我从山东聊城乘火车来到洛阳，专程采写洛阳国际牡丹园的自育牡丹新品种。

"洛阳地脉花最宜，牡丹尤为天下奇"。这是宋人欧阳修的诗句。牡丹，雍容华贵，超逸群芳，素有"花王"美誉，其实，牡丹自唐朝起在洛阳就家喻户晓了。到了宋代，牡丹已有 100 多个品种。牡丹长盛不衰，是代代相传的结果。如今，洛阳国际牡丹园在新的历史时期推出牡丹新品种，在我看来，这是一件天大的好事。

本来，我想今年 4 月 23 号下午到洛阳，直接去国际牡丹园，看过牡丹新品种之后，次日便乘飞机返回北京。但因为志鹏有急事，没有时间陪我，我只好在洛阳多停留了一日。24 日傍晚，才到了国际牡丹园，乘机时间也只好改签了一日。

虽然，在国际牡丹园看牡丹新品种迟了一日，而且还是个傍晚，天空有点昏暗，但我的收获还是蛮大的。

说实在的，我去的那一天，450 多亩地的大园子，不论是观赏区，还是科研生产区，到处皆为 1 米多高的牡丹植株。但缩放花朵的已经不多，浅绿的密集的叶片，好像一片起伏迭起的湖水。能够现出硕大花瓣的牡丹花，除了白色的花朵还能连成一片，其他黄色的、粉红的、深红的，都已是星星点点，这里几朵，那里几朵，形不成规模了。

志鹏介绍说，今年洛阳天热得早，3 月底竟然出现了 30 摄氏度的高温，很多花迫不及待都提前开过了。不过欧美的晚花品种还会出现一个盛花期。当然，一时半会我是看不到了。

即便如此，有志鹏的引导和介绍，我还是学到了很多有关牡丹新品种的知识。他干这个行当，不是十年八年，而是30多年了。早在1987年，他倡导成立的洛阳市花木公司，确定牡丹、芍药为拳头产品之前，就已经开始接触牡丹了。

时光荏苒，如日月窗前过马。这30多年，他始终做牡丹，不忘初心，砥砺奋进，是真正的牡丹专家，显然是毫无疑问了。什么是专家？长时间的做一件事，有了实实在在的成绩，就是专家。

到此，还要多说一句。就花卉而言，牡丹在洛阳知名度甚高，由来已久。一个洛阳的经营者，一开始就把经营方向瞄准牡丹，而不是另辟蹊径，是明智之举。借牡丹"这棵大树"乘凉，要容易得多，也容易出成果。这就是借力。任何一个地区的花木经营者，一定要懂得借力发力这个道理。

还是言归正传，说说洛阳国际牡丹园的新牡丹。

洛阳新牡丹，是一个抽象的概念，不是一个具体的品种。洛阳新牡丹，具体的品种，不是一个两个，而是有50多个。是一个大的集群。

特别突出的，诸如'老君紫''楼兰美人''黑桃皇后''麻姑献寿''彩蝶飞舞''东篱银菊'等。这些个名称，都很有中华文化鲜明特色呢！

志鹏介绍说，他们从1987年起，就一直注重培育新品种工作，年年不辍。因此，这50几个新品种是31年的结晶。

有人说了，30多年，才培育出50几个新品种，太少了吧？牡丹是小灌木，又不是什么大乔木？呵呵，您问的没错，一直以来，我也是这么想。当志鹏向我介绍之初，我还有不屑一顾的感觉。但志鹏随后向我解释之后，我就只有敬佩的份儿了。

志鹏说，一个新品种的出现，起码要经历十到十一二年的时间。例如，刚刚推向市场的'老君紫'这个品种，是2007年通过专家技术鉴定的，是非常优秀的一个新品种。但这个品种，还是1997年从自然杂交中选育出来的。从繁殖到观察，花了10年的时间。因为，每一个新品种的诞生，得到肯定，一定要以现有的品种做参照物，优于现有的品种才可以。不论是花瓣，还是颜色，诸多综合性状因素，都要考虑。不然异议很大，就要淘汰。

我在科技生产区看到，一大片牡丹的花头上，都套上了一个白色的小袋子，好像是一个个胖娃娃带上的白帽子，有点俏皮。志鹏说，这就是杂交培育新品种的母本。

他走近一棵套袋的植株跟前，旁边插了一个纤细的木棍，上面挂了一个小牌子。

牌子上写道："2018年4月10号授粉，4月12号授粉，4月17号授粉"。敢情，

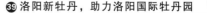

❸❾ 洛阳新牡丹，助力洛阳国际牡丹园

一个母本花头，要授粉 3 次。看来，戴上白帽子的母本，都是授过粉的，而且不止一次。这些母本，戴上白帽子，是避免其他花粉受到其他物体的骚扰，以保证授粉的纯洁性。呵呵，明显这是怕第三者插足啊！不然，到时候"是姓蒋还是姓汪"，就说不清了。

志鹏说，除此之外，影响一个新品种的出现还有不确定因素。比如，某一年杂交过的母株，有可能它的后代出不来一棵表现良好的品种。俗话说，一母生九子，是可能的，不一定优生，也不是什么新鲜事。忙乎半天，出现劣种的时候也不新鲜。由此看来，培育一个新品种的牡丹真是不容易的。

一个新的牡丹品种出来，要想形成规模化生产，起码至少还需要好几年。现在，他们已经形成规模化批量化生产的'老君紫'，从 2017 年开始才供应市场。

我在科研生产区的温室大棚看到，这里的新品种，已经实现了容器无土栽培。客户什么时候买苗，什么时候都可以采购，不受季节限制，买回去的苗子不用担心成活问题。

前几年，洛阳国际牡丹园还首次把牡丹种子送上太空。现在，已经培育出了批量小苗。这些苗子，均已开花。由此可见，在培育新一代太空牡丹新品种方面，他们已经走到前列，迈出了关键的一步。

"须是牡丹花盛发，满城方始乐天涯"具有自主知识产权的新牡丹，不仅为丰富洛阳国际牡丹园的品种助力，而且为全国各地建立牡丹园也贡献了一份力量。

靠新品种带动洛阳国际牡丹园的发展，这是

作者与霍志鹏先生(右)合影

霍志鹏先生和他的团队走的一步好棋。他们还会昂首阔步，继续走下去。

2018 年 4 月 26 日晨，于河南洛阳

116

㊵ 天津运河种业，紫水晶香李嗨起来

最近，天津市运河种业有限公司繁殖推广的紫水晶香李，被即将召开的第四届全国十大新优乡土树种推介会组委会确定为："第四届全国十大新优乡土树种新品种特别奖"。

紫水晶香李，没听说过吧？呵呵，我也没听说过，更没有瞧见过。这个很有品位的名字，不用说，想必是跟蔷薇科李属落叶小乔木"李"有关系，不然，怎么紫水晶香李中有"李"字呢。倘若简化叫"紫香"，是不行的，那会让人云里雾里，找不到北，不知道是什么东西了。

紫水晶香李，到底有什么特点？我不得而知，尽管知道跟李属植物有关。

前天，我到了天津运河种业，大抵上对紫水晶香李知道个大概。不入虎穴，焉得虎子。运河种业，别看是在天津。天津也大了去了，在什么位置呢？实际上，这家公司离北京不远，开车从北五环路最多两个来小时即可到达，就在天津的武清区。

到了之后，听该公司技术顾问邵凤成先生介绍，才知道紫水晶香李是天津一家科研单位前些年选育出来的，属于李子树系列。

"李"，俗称李子，是果树之一。最初，紫水晶香李也是用来当做果树种植的。农民看见新品种，乐呵呵的种了，也挂了果了。果子比普通的杏子大一些。7月中旬，熟透了，紫红色，披了一层白霜，水头儿大，一嗑一股水，甜极了，汁液不亚于熟透了的柿子，但多了柿子的香气。那果子因为透明，如水晶似的，加之又有香味，于是，天津运河种业便给其取名为紫水香李。

紫水香李，是前年引到了天津运河种业的。他们推广紫水晶香李，不是继续用来推广果树经济作物，而是用来观赏，应用到绿化美化环境上来的。就如同山东淄川推广的文冠果。本来，文冠果是用来做油料的经济作物，如今因为其花朵繁密绚烂，也拓展为观赏树木的范围了。观赏树木，品种总是越多越好，越丰富越好。紫水晶香李也是这个样子。

如今，农民基本上把它从果树中淘汰了。什么原因？不是很好吃吗？为什么又放弃不大种植了？凤成先生说，好吃是好吃，每年果子一成熟，一斤果子可以卖上4元钱，到现在也是如此。问题是它产量太低，农民家里种上一两棵的，自己吃还行，指望它赚钱，产量太低，过日子不成。

凤成他们慧眼识珠。世界上的事物往往就是，上帝把一扇门关上了，另一扇门又同时等待有人把它打开。紫水晶香李就是如此。用于果树作物不成大气候，而用于观赏植物倒是蛮不错的。在他们看来，紫水晶香李比现在的紫叶李，还有太阳李，都有明显的优势可言。

凤成先生介绍道，紫水晶香李至少有三大优点。

一是叶子红，观赏性强。紫水晶香李，从初春新芽绽放就是鲜红色，即使到了盛夏酷暑，其叶色比起其他李属植物也要发红。倘若夏季二次修剪，新叶萌发，依然是鲜红色，如同红叶石楠那般艳丽。

二是紫水晶香李落叶晚。我前天到了他们的育苗基地，紫水晶香李的枝头的顶梢上，依然还有一层叶子，在风儿吹拂下在蓝天里轻盈地摇动着。而其他的李属植物，从上到下，早已裸露枝条，不剩了一片叶子。而且一周前，紫水晶香李，满树还是繁密的红叶。当时，陪同我现场参观的，还有武清区农业局副局长李深远先生，他拿出手机，打开"图片库"让我看，果然，满树叶子的拍照时间显示的是："11月20日11点39分"。

从左至右：本文作者，邵凤成先生，
运河种业有限公司总经理丁月强先生

三是可以采摘一定的果实。每年出售紫水晶香李，也会有一定的收入。

四是紫水晶香李树型好看。紫叶李的树形，总体上呈现的是杯状，太阳李大体上呈现的是开裂状。而紫水晶香李树形介于两者之中。我在现场看到，今年春天嫁接的紫水晶香李，齐刷刷的，好大一片，大约有数百棵，均为 2 米高左右，树冠呈现的是馒头柳形状，很是秀美端庄。

紫水晶香李，天津运河种业隆重把其推出，嗨起来，真是一件大好事。因为，只要宣传到位，在不久的将来，我们的城乡绿化苗木又多了一个新成员。

2016 年 11 月 29 日晨

119

㊶东营邱炳国，抢先发展丛生丝棉木

2018 年 5 月 18 日，是一个阳光灿烂的日子。

这一天，我从德州到了黄河入海口的东营市。近日，东营有这么好的天气，真不易。前天，山东大地还是阴雨连绵，尤其东营，是大雨倾盆。那雨下的可够猛的，竟然有 110 毫米。刚刚入夏，雨下得如此之大，在东营是比较少见的。但少见不等于不见。

我到东营，是去东营市丛生苗木种植有限公司邱炳国先生那里。去他那里，目的很明确，就是看他的丛生丝棉木。丝棉木，正式植物中文名叫白杜，又称明开夜合、桃叶卫矛。

到东营，眼下还没通高铁，需要先到青州。下了高铁，再乘车子去东营。两者之间相隔六七十公里。青州在南，东营在北。好在有高速公路，倒也不慢，一个多小时即可到达。

邱炳国先生

炳国的苗木基地，可不少，有 3000 余亩。他的丛生丝棉木基地，在东营市区的南面，大约 20 公里处。这里属于东营市六户镇钻井一分场农业公司的用地。东营是胜利油田的所在地。地是他转租过来的。看了炳国的丛生丝棉木，我的脑海里闪现这样一些词句：

抢先发展，率先发展，大手笔发展，捷足先登，占领苗木市场制高点。

这些词句，用在邱炳国先生的身上，是恰如其分的。他发展的丛生丝棉木，足以说明这一切。

我去炳国的丛生丝棉木基地，是他的业务经理尹茂磊先生开车带我过去的。到了基地，往左看，往右看，一水的，都是片高大的茂密葱绿的苗木。四周静悄悄的，不见一个人影。别的人可以不见，炳国得见，他是我此行要见的关键人物。见不到他，看见的丛生丝棉木只不过是一点皮毛而已。

我问40多岁的小尹，炳国在哪里？小尹没有吭声。过了不大一会儿，他接了一个信息，说：邱总来了。

我左看右看，还是没有炳国的踪影。我们拐过一块地，小尹在一条小路上把车子停了下来。

我说：到了？

他说：到了。

炳国来，怎么着也得开车来，可车子的影子呢？

我不禁又问：你们老板人呢？

他说：他应该到了。

我推开车门，下了车，往后一看，炳国骑一辆陈旧的摩托车，笑哈哈的，好像从天而降，突然出现在了我的眼前。见到他，我不禁大吃一惊。

因为在我的印象中，炳国白净的面孔，高挑的个头儿，衣冠楚楚，总是有十足的绅士范儿。而眼前的炳国，那一身打扮，跟他的摩托车一样陈旧不堪，而且两条裤子和胶鞋还沾满了泥巴。若是不相识的，谁都会以为他是苗木基地的一个打工仔，跟有3000亩苗木的大老板一毛关系也没有。但那一天，他笑呵呵地面对着我，却是一副很开心的样子。

我说：炳国，你怎么弄成这个样子？他哈哈笑道说：方老师，我还能是什么样子？在他看来，他就是苗木基地的一个员工，与打工仔没什么不同。这是他的常态，而衣冠楚楚，只是他出门在外的一面。

我进一步说：你身上为什么这么脏兮兮的？

他说：方老师，前天东营不是下了一场少见的大雨嘛，我去排水了，从早上就开始忙。是的，那场大雨，让干渴的土地灌足了水，而且过头了，两天了，地里还白花花的，水汪汪的。

我说：排水还用你亲自干？

他说：哈哈！我也是一个普通的员工啊！

我问道：难道白蜡和丝棉木还怕水淹？眼前的这一片基地，起码有近千亩地。我所看到的苗木，不是丛生丝棉木，就是丛生白蜡。

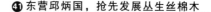

炳国说：丛生丝棉木还有丛生白蜡，雨水泡上1个星期左右没有什么问题。我是担心有一片国槐怕水淹。

随后他说：方老师，您不是来看丛生丝棉木吗？我还是给您介绍一下我们的丛生丝棉木吧。

地里的丛生丝棉木，好漂亮好神奇啊！丝棉木，是近些年才引起业内人士关注的乡土树种，实现规模化种植已不是什么新鲜事。我在河北、河南，我在山东其他一些地方，均看过成片成片的丝棉木。但丛生丝棉木，而且已经长有四五米高的丛生丝棉木，在别的地方真是没有看过的。这些丛生丝棉木，就像飞流而下的瀑布，成簇的碧绿的枝条，从顶尖几乎一直垂到地面上。

炳国蹲下，扒开一缕枝条，才看到地面上的四五根主干。

此时的丛生丝棉木，好像专程为我的到来而欢呼。上下的枝条上，一道道，一缕缕，挂满了淡黄的小花，闪闪发亮，一朵紧靠着另外一朵。

每一朵小花，均为四瓣，中间，坐着一个米粒大小的青果，花瓣掉了，这些个青果就会一点点长大。接着，雍容华贵、枝繁叶茂的树冠上，就会缀满了一串串的小果子。小果子由绿变黄，由黄变红，如玛瑙一样晶莹剔透。到了9月中旬，一粒粒青色的果子便会转化成耀眼的绯红色。层林尽染后，整个枝头的果子都会变红。那会看才绚烂无比呢！

炳国说：我这里因为丛生丝棉木多，面积大，果子多，到了冬天，这里成了候鸟的大餐厅，每年飞到这里的候鸟有上万只。

上万只，该是多么壮观的场面！

炳国告诉我，这些丛生丝棉木，很受园林绿化工程商的欢迎，到这里采购的人陆续不断。我在另外一块地里就见工人正在起一批3米多高的丛生丝棉木，是发往唐山的。我问炳国：丛生丝棉木的市场价格比起独干的来，会不会高一些？物以稀为贵，在论的，向来如此。

炳国又是一阵哈哈大笑。他说：方老师，丛生丝棉木比起独干的，价格至少高出3倍。

我甚为好奇。又问道：丛生丝棉木是自然芽变，还是你从外面引来的？

炳国说：都不是，是我自己想到的。

他详细解释道：5年前，天津有个园林公司到我们这里采购苗木，问我，有没有丛生的丝棉木。我这里有丝棉木，但丛生的只有两棵而已，我要价高，他们也买走了。他们走后，我的脑子里闪出一个信号。既然市场上没有丛生的，我要是把独干的抹了茬，让它长成丛生的该有多好。

从此，他把地里七八千棵独干丝棉木都改成了丛生种植。如今，5年过去了，这些丛生丝棉木成了气候，成了市场的香饽饽。个个壮的跟牛似的，让人羡慕不已。

我说，难道你透露出秘密，就不怕别人模仿吗？他又是哈哈大笑，淡定地摇了摇头。

他的淡定是有道理的，谁学，长成大规格的也要好几年之后。苗木又不是工业产品，看好了，弄个模子，想要多少就有多少。苗木是要一年一年长的。

丛生丝棉木，市场的宠儿，只是源于一个创新的念头，这是很重要的。但更为重要的是，有了一个新颖的念头，邱炳国先生便捷足先登，抢先发展，立即实施，而且是大手笔实施。否则，慢慢腾腾，小打小闹，一星半点，还是成不了什么大气候。

邱炳国的丛生苗木系列

邱炳国的丛生苗木系列不仅有丛生白蜡、丛生丝棉木，还有丛生抱印槐。也都6米多高。

那么，丛生树种为何能在他这里集中闪亮登场呢？对此，我有两点感悟。

一，他是苗木业的"老革命"，经验丰富。他不是东营人，而是山东冠县人。他17岁那一年，被胜利油田招工招到了东营。东营是胜利油田的所在地，无人不知。他满怀喜悦地来到了油田，本想会到野外钻井台前当个钻井工人。但没有料到被分配到了苗圃。他是不愿意干苗木的，跟他的愿望八竿子打不着，干什么都没精打采的。但在油田几个家属工的讥笑之下，他产生了一种很强的逆反心理。既然命运把他推到了这个岗位上，他就要争气要强，把工作做好。他在油田的国有苗圃干了4年，正是这4年，凭借刻苦钻研，他把苗木嫁接、生产管理、工程施工等学了个底透。正因为如此，他生产丛生乔木时，才知道要大尺度的稀植，才知道如何科学养护，才知道如何让苗木生长处于最为滋润的状态。多年的实践，才是汩汩智慧的源泉。由此看来，一个人光有资金，靠砸钱，靠种植面积，就想在短时间把苗木搞得有声有色，是不大容易的。经验的积累，人脉的积累，是相当重要的。这几年，苗木业遇到阶段性的低迷，能够抗风险度难关的，多是老的苗圃，哪怕是做得很大的苗圃，也是如此。

二，有了发展机会，要敢于投资，敢于行动，执行力必须杠杠的。炳国的丛生白蜡，最初只是发现了一棵树。丛生丝棉木也是一两棵，丛生抱印槐也大致如此，都属

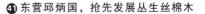

于"星星之火"的范畴。这类的"星星之火"行业里并不缺。科研单位里有，苗木企业里也有。他们有了好东西，你说没有繁殖，也是冤枉，也都繁殖了，但就是没有量。如小脚女人走路那样慢慢腾腾，形成不了规模。没有规模，没有数量，等于在那里看画，是没有多大出息的。炳国不同，他拿到这些宝贝，不是在手里捂着，当宝贝供着，而是全力以赴的繁殖，然后大刀阔斧地嫁接。从我所看到的情景得知，他的丛生白蜡，一下子种植了160亩，丛生丝棉木，一下子种了150亩，而不只是二三十亩。并且都形成了梯队，大大小小，几年生的苗子都有。做，就要做到极致。成功推广新品种的苗木经营者都是这么做的。炳国也不例外。

做强，做精，是要抓的，更是要抢的。没有猛虎扑食的精神不行。

厉害了邱炳国先生！他不是用嘴巴吹出来的，而是用科学的方法和惊人的魄力，一点一点干出来的。

2018 年 5 月 19 日至 20 日，于山东东营、青州

㊷石家庄藁城，独干金银木嗨得响

2017 年 3 月 14 日上午，我来到位于石家庄藁城区南董镇的一个苗圃里，尽管事先知道是独干金银木，有备而来，但看到一棵棵与乔木没有任何的异议的独干金银木，还是惊叹不已，一时停下了脚步。

初春的冀中大地，只有报春的迎春和连翘吐露了细密的繁花。而其他植物，包括金银木，依然是光秃秃的，繁密的枝杈上，还挂有一层去冬已经干瘪了的褐色浆果。但仍能感觉到昔时冬日那如玛瑙般晶莹透亮的果实的美妙。看惯了这一切的人们，似乎并不觉得那么重要，重要的是那植株，是耳目一新的金银木。

金银木，正式中文植物名叫金银忍冬，是忍冬科忍冬属的落叶灌木或小乔木。教科书上虽然这么说，但我们常见的，也唯一能见到的，包括在园林绿化里见到的金银木，老的也好，少的也罢，都是丛生状。根蘖的丛生分枝长长的，侧向斜伸开，多根抱成一团，聚成了那么一丛。再从侧枝上再分出更细的小枝，长成一蓬，和连翘一样是典型的灌木。

但这里的独干金银木可不是，完全颠覆了您对现有的金银木的认识。它就是一棵树，一棵正儿八经独木成景的小乔木。下面，是粗壮的树干。树干不高，大约四五十厘米，然后，便像一把雨伞似地向上伸开三四根分杈，或者五六根分杈。由于是二次修剪，那向上伸开的主干分枝，大约四五十厘米长，再次分开小杈。这么一来，整个树冠就丰满了，如馒头柳一般那么好看。时下，虽然还没有叶子，更没有春末夏初缀满枝头的银花金花，但届时定有一番美妙的独具风采的景观，是可以想像得到的。

让金银木给人以全新认识的，是石家庄藁城区绿都市政园林工程有限公司龚玉全先生的创意。实现并且培育它的，是该公司苗木基地的总经理王艳峰先生。

独干金银木，是一个全新的创新。什么叫创新？就是在原有的基础上有所改变，有所前进。而他们在金银木上的创新，不仅是独干的，而且有丰满的树冠，这就不是简单的创新了。

　　4年前，我应龚玉全先生邀请，在一个萧瑟的冬天，曾经到过他们的基地。那时候，他们种植的独干金银木已经两年。我到了地里，看了好几种树木，但看了独干金银木时，我眼前顿时一亮，感觉很是新鲜。

　　我问小龚，怎么想起把金银木做成独干的乔木了？他呵呵地笑笑说，这也是得益于我多年从事园林绿化工程施工的经验。

　　金银木，不是新品种，而是一种城乡绿化中常见的灌木，不可或缺。小灌木，大家都有。若是想养得不同凡响，在栽培上就要出新，于是就想到了独干。小龚说的，看起来好似是一层窗户纸，但没有多年的园林实践，这层窗户纸也不是那么容易捅破的。

　　实践出真知。所以，当龚玉全先生的想法让他的高中同学王艳峰先生实施后，做过多年室内外装修的王艳峰先生，几乎全部投入到了独干金银木的实施中。

　　他一上道，就觉得，既然创新，就要创新出点模样来，创出点精致来。他告诉我，这5年来，他和团队的杜艳峰先生、李勇先生，几乎都待在田间地头。树要长得美，长得漂亮，不在修剪上下工夫是不行的。修剪，是有共性的，但由于植物不同，也有其独有的特殊性。

　　金银木的枝条是比较脆，每个芽子，每个杈子，幼小的时候，哪些保留，那些去掉，哪些重点保护，都是很有讲究的。修剪不当，取舍不当，一旦大了，就很难改变。培养一棵品质高的金银木，模样俊美的植物，没有伺候小孩子的认真劲是不行的。王艳峰让我看他的手，他的手心，都是手持剪子留下的老茧。

　　现在，城乡绿化到了提升品质的时期。他5年的付出，自然也得到了应有的回报。省政协一位常委，也是河北省的著名书法家李同亮先生，来到他的基地大为欣喜，特意给他题写了"独干金银木"五个苍劲有力的大字。

　　他的独干金银木，不光新颖，而且有量。没有数量的新东西，再好也打不了几个钉，再奇也

王艳峰先生在独杆金银木前

126

适应不了现今城乡绿化的需要。而他，从一开始就注重量。如今，他已有独干金银木220亩的种植面积。呵呵。5年生的独干金银木，比常见的丛生金银木，价格至少高出了一倍。即便如此，成批量买他苗子的人，仍然络绎不绝。山东东营的、山东威海的、郑州航空港的、天津的、北京的，哪里的都有。

好东西，就像繁花会飘香吸引蜜蜂一样，会吸引来众多的客户。40出头的王艳峰先生，做事精细，为此付出了艰辛的探索。如今，独干金银木取得了良好的景观效果。风景这边独好，是毫不夸张的。

一个客户在他那里买了一批苗子后，在微信里说道："王总，您做事和做的产品真的特别有样！保持联系，期待下次合作！"类似的赞美，多了。

每每想到这些，他总是说，这一切，都要感谢龚玉全总经理。人家扶持我上了马，咱接过了缰绳，就要大踏步地往前奔。咱就要感谢人家。最好的感谢，就是把苗子作出精致来。

他的话，我超赞。

2017年3月15日晨

127

❷ 石家庄藁城，独干金银木嗨得响

㊶ 天津火炬柳，好似冬日里的一把火（红丝直柳）

2017 年 10 月 30 日，是深秋时节的一个好天气。晴朗的天空，太阳西陲，已经快要降到地平线了。虽然光线已经没有那么明亮，但我在霸州市供赢种植专业合作社的苗木基地里，看到了大片的火炬柳。一簇簇浓密的枝条，直立着，昂首挺立，红彤彤的，在风儿的推动下，轻轻地摇摆着，好像真的是冬日里的一把火，在突突的升腾着，给有些凉意的黄昏增添了一抹抹温暖的亮色。

顿时，我心里好不激动。

有人会问，你题目上说，是天津的火炬柳。换句话说，这火炬柳，应该长在天津的热土上，为什么是在霸州市供赢种植专业合作社的苗木基地里？谁不知道，霸州属于河北。是不是驴唇不对马嘴，忙得犯糊涂了呢？呵呵。您问的好。

但我要跟您解释一下，其原因有二：一是霸州市供赢种植专业合作社，不是霸州市人创办的，而是天津滨海创业园林绿化工程有限公司创办的一个直属企业；二是供赢种植专业合作社虽然在霸州，虽然不属于河北，但合作社的苗木基地，离天津界很近。

没多远，只有 5 公里，况且路都好着呢！即使离天津高铁南站，也不过 20 公里。但从基地到霸州市区，可就远了，起码有 50 公里。

那一天，那一晚，那个映满了灿烂霞光的黄昏，陪同我到基地里看火炬柳的，是基地两个重量级的人物。一个是基地的总经理范永锋先生，一个是火炬柳的育种人、天津市木林森园艺有限公司的纪桂军先生。

范永锋先生，30 出头，高高的个子，白净的面孔。他温文尔雅，待人真诚热忱，说话、走路都是轻轻的。我认识小范，是 1 个多月前在德州的苗木会议上。让我认识小范的，是石家庄一森园林的总工程师张子入先生。

子入说，范总他们 12 月份想搞一个红丝直柳现场推介会，我想还是请你帮助他们策划组织一下为好。由此，我跟这个温文尔雅的年轻人得以相识。后来，我知道红丝直柳又称之为火炬柳后，便问小范，这个柳树的变种为何有两个名字？小范说，因为这个红丝柳的枝条是直立的，而且整个枝条红了之后，很像一束耀眼的火炬，于是育种人纪总就给起了两个名字。

按照纪总的说法，火炬柳还有"吉祥、拼搏与和平"的含义。

呵呵，火炬柳既有大名，也有小名。大名是红丝直柳，小名是火炬柳。当然，火炬柳不是一年到头都是红色的，它也有季相性变化，春夏为绿色，到了现在的深秋，才开始变为红色。

育种人纪桂军先生告诉我，到了 12 月份，尤其是进入寒冬腊月，火炬柳枝条的红，似乎都会冒出红光，比现在更红，更鲜艳。越是寒冷，越发显示出它生命的活力。到了初春，枝条由红变黄，金灿灿的，好像一座座金山，装点着匆匆迎春的大地。

纪桂军先生，是老先生了，年级近乎六旬，干苗木 20 多年。他是天津宝坻人，为人和善正直。他的公司不在宝坻，而是在天津的蓟县。

小范他们的苗木基地，在霸州市杨芬港镇小庙村，2015 年注册的。一注册，就决定走苗木生产合作共赢之路。共赢与供赢，在他们看来是同一个意思。

小范给我写基地称呼时，写的是"供赢"，我还说他写错了。小范微微笑道说，方老师，就是供赢二字。为何叫供赢，因为注册时，已经有人注册"共赢"了，但我们初衷不变，便取名为"供赢"了。

小范说，他们公司一直是以园林绿化工程为主，没有搞过苗木生产，虽然两者有共同之处，但他们对生产还是不大熟悉的。因此，他们要补短板，就要寻找合作伙伴，走合作共赢发展之路。这是聪明的有智慧的发展思路。于是，他们就选择了纪总作为发展火炬柳的合作伙伴。

既然小范他们和纪总是合作伙伴关系，小范他们在霸州的苗木基地，正儿八经就是火炬柳的繁育中心。

众里寻他千百度。小范是怎么找到纪总的呢？小范说，这是互联网的功劳。他是在网上搜索找到纪总的。小范把纪总介绍给公司董事长王鹏先生后，王鹏先生立即决定，与纪总合作，共同大规模的繁殖推广火炬柳。王鹏还对纪总说：老爷子，咱们一起携手以最快的速度，把火炬柳大张旗鼓地干起来吧！王鹏之所以称纪总为老爷子，是因为他属于晚辈，还是 30 多岁风华正茂的年轻人。

❹ 天津火炬柳，好似冬日里的一把火（红丝直柳）

纪总，纪老爷子，是个心胸开阔的人。他最初，是在老家一处河边发现有一棵柳树变异的。由此开始观察火炬柳，基因稳定后，便开启了小规模的繁殖。

纪总还给火炬柳归纳出两大特点。一是火炬柳四季三色：春季枝条金黄；吐叶后枝条变为绿色；初冬落叶前后，枝条逐渐变为红色，为北方冬季观色的绝佳品种之一。二是火炬柳大有商机。近几年，柳树中不管旱柳、竹柳还是速生柳，其价格处于阶段性低谷。苗贱伤农，若是能改头换接火炬柳，既能迅速发展一批火炬柳成品苗，还能带动柳农致富，一举两得。

纪总不保守，不把其看成是自己的私有财产，而是愿意与有经济实力的企业合作，早日把它推向社会，填补北方冬季缺少红色彩枝树种的空白尽点薄力。与小范他们相识，让他特别开心，特别兴奋。因为，与他们这样大公司互补后，火炬柳很快就可以做大铺开。他想，火炬柳若是用到北京的冬奥会上，为奥运会的大环境做一点贡献，那就其乐无穷了。当然，王鹏董事长跟纪总的心思是一样一样的。各自发挥各自的优势，不愁干不成大事，不愁推不出好的新优乡土树种。

火炬柳变红，是有差异的。根据小范他们的繁育观察，垂柳做砧木嫁接火炬柳会红得早。我在基地里看到火红的火炬柳，比照片上的要红得多，就是用垂柳嫁接的。其叶子已经全部脱落，枝条红红的，粗度在7~8厘米；树干不高，1米左右。矮株型的，非常的齐整。若是用到片林里，公园里，庭院里，在肃杀的冬天给人增添无限的美好，是可以想象的。而另外一片地里用竹柳嫁接的火炬柳，老远看也是红了，但红的还比较淡，而且还有一半绿色的叶子悬在柔软的枝条上。呵呵，好像一半是海水，一半是火焰。

从右到左：范永锋先生，纪桂军先生，本文作者

贺知章诗云：碧玉妆成一树高，万条垂下绿丝绦。这诗句，多美。这里，指的是柳树给春天增添的勃勃生机。但到了冬天，叶子落了，柳树就显得萧条多了。现在，有了换头嫁接的火炬柳，尤其是在雪后朗朗的冬日里，如同燃起的堆堆柴火升腾，还有一点萧瑟的影子吗？柳树的盎然生机，再一次迸发了出来。

　　火炬柳，在不远的未来，一定会给北国大地的冬天，增添无穷的生机与温暖，一定的！

2017 年 11 月 3 日

❹天津火炬柳，好似冬日里的一把火（红丝直柳）

㊹青岛彩盛木香繁殖多多

木香繁殖有量了！

按说，这没什么大惊小怪的。木香，又不是什么新的品种。但具体情况要具体分析。您且听我慢慢道来。

让木香有量的，是青岛即墨的彩盛农业科技有限公司。当然是在苗圃里，而不是在山上了。我前几天，到了青岛彩盛，看了好几个新的花木种类，让我大开眼界。其中之一，就有木香。那木香不是一棵两棵，也不是十棵八棵，而是有五六千棵种苗。这在我看来，可不是什么小事情，而是让人欣喜的大事情。

这里说的木香，不是健脾消食的草本木香。草本木香，为菊科植物。我这里说的木香，是蔷薇属的木本植物。常见为白花，也有黄色、橙色或者粉色花朵的，但我没有见过。蔷薇属的木香，又称七里香、木香藤、小金樱等。可见，它是典型的芳香植物。不然，怎么有“七里香”之称呢?

木香，是我国古老的乡土植物。与月季、蔷薇、玫瑰等同为一个家族，都是情同手足的兄弟姐妹。古人对木香，有过很多的介绍。宋代诗人张舜民云：“广寒宫阙玉楼台，露里移根月里栽。品格虽同香气俗，如何却共牡丹开?”此诗，赞美木香洁白如玉，颜如瑞雪，可与雍容华贵的牡丹花相媲美，真可谓一目了然。宋代另一位诗人则云：“比似雪时犹带韵，不如梅处却缘多”，这是在赞美木香花冰清玉洁。古代，还有女子喜爱佩戴木香花一说。如遇爱慕的男子，则解佩以木香花相赠，以此传递爱的情愫。木香的文化底蕴深厚，由此可见一斑。

木香，本来是不怎么起眼的，因为它毕竟比不上月月开花的月季，那么绚烂多彩，那么种类繁多，那么风情万种。最近七八年，木香走近人们的视野，让花木业的许多人都知道其身影，甚至成了香饽饽，是因为树状月季的出现。如同金叶榆的出现，带动了榆树的繁殖。

目前，树状月季遍地开花。大有红遍大江南北之势。树状月季，立体美化效果好，提升美化环境档次，离不开树状月季。目前的树状月季，全部是嫁接而成的。其砧木，或用蔷薇，或用木香，它自己若是长成独干的 2 米来高的植株是极为困难的。木香当砧木，本来没有任何问题。木香与月季都是一个锅里的，亲和力好着呢。问题是，这些嫁接树状月季的木香，不是人工繁殖出来的，而几乎是从山上野蛮地刨下来的。少了，还问题不大，多了，就不好了。

据了解，从山上挖下来的木香，背下来 10 棵，顶多成活 3 棵，而其他 7 棵只能枯死当柴烧了。再说，做砧木的，哪有细的，起码要五六厘米粗。在贫瘠的山地里，至少要长七八年之久。这种拆东墙，补西墙，严重破坏生态平衡的做法，不能再继续下去了。

我是月季协会的成员，坚决反对用野生木香嫁接树状月季的行为。青山绿水，就是金山银山。这其中的青山，就有木香的贡献。倘若无限制地挖下去，采下去，哪来的青山？青山还何以存在？因此，嫁接树状月季的木香砧木，一定要是用人工培养的，而不是野生的。蔷薇也好，木香也罢，都应该是从小苗培养做起。其他的植物，也是如此。

如今，青岛彩盛繁殖的木香，采用的是扦插繁殖，至少有五六千棵了。虽然，这五六千棵，与我们的市场需求比起来，还相差甚远，但有了开端，就不愁有后续。因为青岛彩盛，做什么事都是迅速的，大有迅雷不及掩耳之势。

青岛彩盛，按说跟木香是没有什么关系的。他们主打的产品是新优彩色苗木。但是因为特殊的个人情感，它们就有了关系。人和自然之间的联系就是这么奇妙。他们的木香种条，不是来自于某个公园，也不是来自某个花木生产基地，而是来自该公司总经理胡爱章女士的家中。在爱章的眼里，木香的重要性不比其他花木品种逊色。她繁殖木香，是要把木香发扬光大，其中还蕴含有老一辈家人的情怀。

她的家，在美丽的崂山脚下，是一个安静优雅的小院。每到 4 月下旬起，那爬有大半墙的攀援植物就被雪白的花朵盖满了。这棵硕大的植物，就是藤本的木香。木香，就是崂山脚下这户人家的报春花。满园春色关不住，倒是真的。一枝红杏出墙来，何止呢！花开时，铺天盖地的，如雪，似云，又似一缕瀑布，气势如虹，香艳极了。老远，就扑鼻而入了。木香的花儿好闻，不会熏得脑子难受，有些花就不行。

爱章家的那棵木香，有年头了。她的哥哥胡保泰先生曾经写过一篇精彩的文章，以此来描述那棵木香的来历：据家里的老人讲，这木香是曾祖母在时栽下的，是爷爷从七八里地以外的枯桃村买来的。老家，从崂山的山上搬到山下有 80 余年了，这棵木香，也就伴随我们一家至少有 70 余年了。我 50 年代出生记事起，每到开春后，那木香就好像一把支撑起来的太阳伞。花的香气，从村西一直飘到村东。

胡总自然对木香有深厚的感情。木香是伴随她长大的。前年，她一到即墨成立彩盛起，就从家里剪了几根木香的条子，扦插在基地一个小木屋的侧身。我去年去时，已经初步形成了高高的一簇。花已开过，只剩下柔美的枝枝叶叶了。她说，开花时，看不到枝条，枝条伸展到哪里，哪里就有花。他的哥哥是这样描绘木香开花的："木香花开时，花色微黄，多瓣，一簇簇，一团团，密密匝匝，花朵如硬币般大小，在春风中摇曳，甚为可爱，整个墙壁，像粉妆玉砌的冰山一般"。

这次，我再次见到那簇木香，大有燎原之势了。整个木屋的墙壁上，几乎都被那枝枝蔓蔓、蓬蓬勃勃的木香覆盖。但此时，木香的花，又一次与我擦身而过，枝条上，只残留几朵干枯了的花瓣。花儿绽放时，该是花海一片，香艳一片，蜂蝶一群了。热闹繁盛的景象，是可以想象的。

但胡总不满足于木香只是让公司的人欣赏，也不局限于让远来的客人欣赏，而是利用公司科技人员独特的繁殖技术，在宽敞明亮的光伏温室大棚里大量繁殖。

五六千株，只是她的一个小计划，只是她的一个初始的开端。

清雅是木香的典型特征，骨子里的奢华而优雅，春日里的花瀑热烈而不显张扬，无法用言语形容的美。木香，可以做砧木，也可以作为独立花木观赏，市场前景极为广阔。她怎么可能熟视无睹呢？

胡爱章女士近照

临走时，我说，你的木香应该参加 2017 年年底举办的第五届十大新优乡土树种推介会，她只说了一个字：好！

爱章点评：我繁育木香，其实也是对爷爷的一种怀念。

2017 年 6 月 24 日，于润藤斋

㊺ 在吉林公主岭，看唐绂宸培育的耐寒梅花

我昨天在东北吉林公主岭梅园，看到唐绂宸先生培育的耐寒梅花，真是兴奋极了！

梅花是蔷薇科李属，为落叶乔木。通常，梅花在初春时节开放，与兰花、竹子、菊花 一起列为花中四君子。梅花原产于中国，是中华民族坚忍不拔，不屈不挠，奋勇当先，自强不息的象征，受到国人的赞美和爱戴。

宋代卢梅坡云：有梅无雪不精神，有雪无梅俗了人。日暮诗成天又雪，与梅并作十分春。梅花的诗词歌赋，自古以来还有很多，但最有名的是毛主席的《卜算子·咏梅》："风雨送春归，飞雪迎春到。已是悬崖百丈冰，犹有花枝俏。俏也不争春，只把春来报。待到山花烂漫时，她在丛中笑"。此外，毛主席还有一句很有名的诗，也与梅花有关，这就是"梅花欢喜漫天雪，冻死苍蝇未足奇"。

但这些诗句，只是一种描写，只是表明梅花的一种精神。原有的梅花的耐寒是相对于长江流域的环境来说的。梅花，最多分布到华北一带。而长城以北，是瞧不见什么梅花的。因此，中国工程院院士陈俊愉先生一直致力于耐寒梅花的北移推广工作。这个探索性的推广实验，不仅在东北吉林的公主岭松原大地得到了成功，而且在东北还培育出了好几个耐寒梅花新品种。默默做这项艰苦工作的，就是吉林公主岭的唐绂宸先生。

唐绂宸先生，六十五六岁，中等个儿偏上，身材消瘦，白净的脸上总是微笑着。一提起梅花，他那带有沧桑岁月皱纹的脸上，还有四周布满鱼尾纹的眸子里，神采飞扬，总是充满了光芒，总是充满了无限的喜悦。

在这以前，我与唐先生没有见过面，但知道唐先生也有七八年的时间了。唐先生是从 2000 年开始从事梅花耐寒实验的，至今已有 16 年。

七八年前，他培育出了耐寒梅花新品种，曾经给我曾经供职的中国花卉报写过文章。接到信函的，恰恰是我本人。我马上把文章转到了编辑手中。这事，似乎就过去了，其实并没有过去。

去年，我在山东组织第二届十大新优乡土树种推介会，自由发言时，有一个长得小巧玲珑的年轻女士，在会上用诗一样优美的语言，介绍了公主岭梅园的耐寒梅花，打动了在场的很多人。这个女士，便是唐先生的大女儿唐维女士。由此我们得以相识。她自称自己是小唐。我在小唐的盛情邀请下，才有了此次公主岭之行，才目睹了唐先生苦心建立的梅园的神韵。

唐先生的梅园，虽说是在公主岭市，但离市区还有 30 多公里。具体的地方，是公主岭市黑林子镇八叉子沟村。叫八叉子沟村，其实并看不到什么沟啊、壑的，一水的平原，只是地势有一点起伏。开车接我的，正是唐先生的大

唐绂宸先生（左）与作者合影

女儿唐维，还有唐先生的儿子唐帅。车子在村子里一条横贯东西的街上停了下来。

眼前，是一个敞开的围着低矮围墙的院子。院子不宽，但很长，铺上水泥面的院子里，只有一两株低矮的榆叶梅。而梅花是连影子也瞧不见的。

我问唐先生梅园在哪里？唐先生微笑着说，在院子里呢。

进了屋里，穿过堂门，迎面而来的，果然是一片翠绿的绿洲，有三四亩地之多。这就是梅园。

这样的情景，在吉林，别说在乡村，即使是在公主岭市，也是难得一见的。宋代写梅的名家林逋云："众芳摇落独喧妍，占尽风情向小园"。这个园子，即使花开的时候，也是没有"众芳摇落"的。占尽风情向小园的只有梅花，要说"唯有梅花独喧妍"倒是真切的。

园子里的一棵棵梅花，远看似杏树，但稍加仔细一看，便看出梅树与杏树的区别了。最明显的，是枝叶。梅花的枝条比起杏树来要修长得多，也舒展得多，叶片也纤秀得多。另外，树皮也有很大的不同。梅树的外皮较比杏树光滑得多。当然最大的区别是在花朵上，杏树的花朵几乎是白色，而梅花也确实有白色的，但还有粉红色，还

有重瓣的，还有极浓的香味。"疏影横斜水清浅，暗香浮动月黄昏"。呵呵。这些，可都不是杏树所具备的。但梅和杏是有密切血缘关系倒是真的。嫁接梅花的砧木，使用的常是山杏。

此时，梅花已经过了开花时节，只有少量的晚梅，还残留星星点点枯萎的花瓣。若是4月中下旬来，梅花盛开时，这个坐落在静静乡村的园子里，定有一番热闹美妙的景象。"疏是枝条艳是花，春妆儿女竞奢华"，一定的。

在丛林式的园子里，最大的一棵梅树已经长有碗口粗。地径起码有30多厘米，胸径也有20多厘米。这棵梅树，堪称东北"梅树王

这棵梅花树，是唐先生最早培育的新品种'单红公主'。其名称是当年陈俊愉先生命名的。除此之外，唐先生还培育了'丰后''燕杏''花蝴蝶''公主木兰''送春'和'淡丰后'，共7个新品种。

瞧，唐绂宸先生这一家子在梅园里合影，该有多幸福，多开心！

唐先生说，现在除了'送春''花蝴蝶'外，其他5个新品种已经推向了社会，科学来不得半点虚假。

我问他为何那两个品种没有推广？

唐先生说，还在观察之中。做学问，面对科学，没有实事求是的精神是不行的。

他认为，一个新品种推向市场，需要七八年的时间观察，不然是不成熟的。新品种，一定要有父一代，还要有子一代，才知道它抗寒不抗寒，才知道它的品种有什么特性。不成熟，缺少稳定性，就推广出去，睡觉都不踏实。一个新品种是否适应一个地区生长，不是单一因素所决定的，而是多种因素。

唐先生搞梅花，最初就是受陈俊愉先生的委托，才开始做耐寒梅花实验的。他培育的新品种，已经在北纬48.5摄氏度的大兴安岭的阿荣旗实验成功。能耐零下近50摄氏度低温，观察6年了，还安然无恙。

唐先生的成功，是长时间认认真真只做一件事的结果，其中付出的艰辛可想而知。人的精力有限，能坚持做好一件事，多少年不动摇，实属不易。功夫不负有心

人，也是一定的。

如今，他的女儿和儿子，都放弃了大城市的优越生活，回家开启了耐寒梅花的推广工作，真是大好事。现在，他们已有耐寒梅花种苗基地200多亩。用不了多久，还要开辟更多的繁育基地。梅花绚烂的色彩，梅花高贵的品德和顽强的生命力，在父子两代人和更多的人一起不懈努力下，一定会遍地开花，光耀于东北大地。

2015年5月15日晨，于吉林公主岭市

㊻ 在山东沂源看平安槐

世界真奇妙。

树木的枝条一般都是向上长的，或者是下垂的，您见过树枝横着长的树木吗？我是从事苗木宣传的，跟苗木打交道 30 余年，见过的树种无数，但一直从未见过树枝横生的树木。但凡事有普遍现象，就有个别现象。

2016 年 5 月 7 日，我在山东省沂源县就看到一种被称之为平安槐的国槐变种，其枝条就是横生的，很是奇特。

我来沂源，感到特别的新鲜。我去过山东无数次，通常一年就有六七次之多，但从来没有到过沂源，也没有听说过这个县。沂源位于山东的腹部，是个典型的山区县，属于山东的沂蒙山区，虽然在行政划分上属于淄博，但它在淄博的紧南头，离淄博市还有 100 多公里。

王学坤先生

沂源，与南面临沂的蒙阴和沂水交界。那两地层峦叠嶂的山川，与沂蒙的山峦紧密相连。叫沂源，很简单，是因为这里是沂河的源头。原来这里也属于临沂地区，1988 年才划归为淄博。这里的县城，四处是山。起伏的山脉，很是秀美，离县城不远，就隔那么几里。站在市中心的楼上眺望，好像山与平地之间的城区只有数步之遥。

我有幸到沂源，就是专程来看平安槐的。平安槐的育种者是沂源县城的王学坤先生。五十几岁的王先生，长得高高大大，是个十足的山东大汉。跟他接触多了，你会发现，这是一个非常文雅心细的人。认识他，是今年春节过后在张家口的苗木高层论坛上。我们俩是在等候电梯的时候相遇的。他自豪地告诉我，说他培育了一种国槐，枝条是横着长的，希望我去看看。

此次，来到他带有一个宽敞院落的苗圃里，目睹了平安槐的独特风采，很是感到惊喜。先是在院里，一溜房子前看见七八株平安槐，随后，发现院里星星点点有绿色树冠的，种植的也是平安槐。

我来到带有栅栏门的后院，好嘛，这里就是平安槐的世界，十几亩地的后院，好大一片，都是平安槐。这些平安槐都有六七厘米粗，高度在四五米左右。这些植株，都是在普通国槐上嫁接的，冠幅有五六米，嫁接都有那么几年了。

平安槐是龙爪槐的变种。

2006 年，王学坤在普通国槐上嫁接龙爪槐，2007 年，他忽然发现嫁接的龙爪槐中，有一棵树的枝条不像龙爪槐那样，是下垂弯曲的，而是枝条不屈不挠挺直横生的。为此，他观察了 3 年，发现其新奇的枝条是稳定的，具有明显的特异性，这才开始繁殖开来。叫平安槐，是因为枝条是平行生长，有平平安安之意，故取名为平安槐。

现在，王学坤早已把自己的苗圃注册为：山东省沂源平安槐开发研究所，专门做平安槐的进一步研究和市场开发。人，能专心致志地做好一件事就很不错了。

据王学坤的介绍和我的观察，平安槐具有明显的两大亮点：一是可以控制它的高度。在 3 米高的砧木上嫁接，它的高度几乎就是三四米，不会无休止地往上生长；不用人为的控制高度，可以减少人工修剪的成本。二是树冠成龄后，为伞状，像个平顶的偌大的帐篷，遮阴效果极佳，是庭院、公园、停车场、街头绿地等很好的遮阴、纳凉、挡雨的树木。

据我所知，灌木中，有平枝栒子，其枝条几乎是平生的。但在落叶乔木中和地面平行生长的树木还未见过。2013 年 12 月 25 日，国家林业局正式公布了平安槐这个新品种，并且记录在案，颁发了新品种权证书。

但平安槐，本质上还是国槐的范畴。国槐，在长江以北至长城以南地区，还有广阔的西北地区，都是很好的乡土树种，适应非常广泛。

世界真奇妙啊！相信平安槐的出现，会有一个不错的市场空间，成为城乡绿化当中一道别致的风景线。呵呵，一定的。

● 王学坤手记

平安槐，由龙爪槐芽变而来，属乡土树种，能栽植龙爪槐的地方都能栽植平安槐。平安槐与龙爪槐有着质的区别。

龙爪槐不能形成大的树冠，只能算是小乔木；而平安槐能形成伞形大树冠，（属大乔木类），这在植物界属少见。伞形树冠在大乔木中只此1种。

平安槐的树干来自于作为砧木的普通国槐，嫁接后因为没有直立的枝条，故主干不再长高，是可以控制高度的大冠乔木，这在自然界中亦属首创。

基于上述两点，平安槐可一树多冠，而不用年年修整，自然天成。

2016 年 5 月 8 日晨，于山东沂源

46 在山东沂源看平安槐

④7 '皖槐1号'速生无刺刺槐

    2017年5月17日，我到了安徽省宿州市的萧县。这是我数日安徽行的最后一站。

    一路走来，一路惊喜。到了萧县，看了安徽格瑞恩园林工程有限公司的'皖槐1号'速生无刺刺槐，让我更是惊喜不已。

    如果说，宿州在安徽的东北面，那么，萧县就在宿州的最北面，是四省交界的地方。它紧靠河南、山东和江苏。东边，离江苏徐州最近的地方只有20来公里，乘高铁不足20分钟。

    '皖槐1号'速生无刺刺槐，推广者是40多岁的杨浩先生。杨浩先生，中等个儿，文质彬彬，说话轻声细语，笑不出声，谦恭好学。他是萧县唯一的"双料"高级工程师。既是县林业部门的高级工程师，也是县园林部门的高级工程师。很难得的。

    我认识杨浩先生，是在去年的一次苗木论坛上。他是格瑞恩园林工程有限公司的当家人，总经理。那一次，他递给了我一张名片，说他在推广速生刺槐，希望我有时间去看看。格瑞恩，多洋气的名字。我问他什么意思？杨浩微微一笑解释说，格瑞恩是英语单词 green 的音译，有品格、祥瑞、感恩的寓意。green，本身的意思是绿色。绿化，刚好跟树木吻合，接的上茬子。我听了非常高兴。因为刺槐也是乡土树种。我这几年大力推广新优乡土树种，只要一听说是新优乡土树种，不管是哪里推广，谁在推广，我都特别高兴，我都为推广者加油。刺槐，是外来树种，但到中国至少有200多年了，已经落地生根，加入了中国乡土树种的行列。这一次，我到了宿州，自然不能错过去看速生刺槐的大好时机。因为，萧县是宿州的一个县，彼此相隔不过40多公里。

    去萧县那天，开车接我的不是杨浩先生。他在合肥出差，听说我去，他立即乘高铁返回萧县。接我的，是他们公司的副总经理李佳先生。这是一个待人非常热情的小伙子。他在公司，主要负责承建园林绿化工程。在去萧县的路上，我问30多岁的李佳，速生刺槐不是你们选育的吧？我听说是安徽省林科院的一位老先生。

李佳说，不是吧？就是我们杨总培育的。见了杨浩先，我找他核实这件事，杨浩呵呵笑笑，说，您说的对，是省林科院的一位老先生选育的。但在选优的过程中，我是参与者之一。随后授权推广的，我们公司是唯一的一家，没有第二家。他说，他有合同证明。这样，让我找到了速生刺槐的源头推广公司，真好！

那一天下午，我到了萧县，杨浩先生立即让他带我去了速生刺槐的繁育基地。基地在县城的西南方向，约10余公里，属于杜楼镇的地盘。基地紧靠一条公路。公路上架起的一块高大的牌子，上面赫然写道："皖槐1号育种基地欢迎您"。这话，让人感到温暖。

公路右侧的坡下，有十几栋拱形的简易温室。长长的温室里，有好几溜繁育的速生刺槐小苗。小苗有二三十厘米高，种植在无纺布营养钵中，好像是无数个小娃娃似的聚集在一起。每一株，每一棵，都翠绿绿、水灵灵的。

杨浩先生蹲下，告诉我，这些小苗只有1个多月，都是用茎段繁殖的，再过几天，就可以下地经风雨了。到了秋天，窜到3米高是没有问题的。也是，要不怎么叫速生呢！杨浩把一株杯苗翻过来，我才发现，下面是没有底的。我说，这样有什么好处？

杨浩说，这样透气，有益于小苗吸收营养。随之，他把基质抖落掉，就见一棵幼小的苗子根系非常发达，周围布满了纤细如发的毛细根。当然，这些杯苗是不着地面上的土的，不会传染细菌。下面，都有一个黑色的育苗盘。

杨浩说，速生无刺刺槐的好处很多，已经被列为安徽省优质林木良种。他列举了如下几点好处。

一是长势快。3年生的幼苗，胸径至少可以长到10厘米，而普通刺槐一年生也就长到1.5米左右，可以说，它是普通刺槐生长量的一倍。耳听为虚，眼见为实。过了大棚区，眼前是一片高大茂密的林子，这里的苗子，每一棵，胸径几乎都有10厘米粗，枝叶浓密，铺青叠翠，直插云霄，如墨，似云。挺拔的树干，光滑细腻，好像一根根像腿那么健壮。

杨浩介绍说，这些就是3年生的速生刺槐。我用手握了一下，立即感觉到了树木的膨胀，好像触摸到了植物生长的神经。而另外地里2年生的苗子，均有六七厘米粗，树干上还有毛刺，不小心，会扎破手。杨浩说，这些速生刺槐，有一种奇怪的特性，到了3年生，毛刺会自动消失。难怪那些10厘米粗的苗木表皮那么光滑。若是

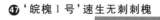

还有刺，也就不叫无刺刺槐了。

　　二是抗病虫害。在萧县，每年为防治美国白蛾都要花很大的财力，而他们繁殖的速生无刺刺槐，数年了，没有发现一只美国白蛾虫害骚扰。这样，既节约了农药，又减少了环境污染。

　　三是绿化用途广。它抗盐碱，管理粗放。引种者，只要定植后浇过一次透水即可，行话叫"定根水"。此树，用于沿海防护林可以，用于平原绿化造林可以，用于山地退耕还林也可以。

　　四是其木材好。它坚硬，结实，有好看的花纹，并且有明亮的光泽，抗压性还很不错，是室内地板、制作高档家具的不错选项。

　　天道酬勤，岁月不居。多年的探索，多年的努力，'皖槐1号'速生无刺刺槐，如一颗耀眼的翡翠，开始得到社会的认可。这里，每一天，每一日，几乎都有各地的客商来采购速生无刺刺槐！

　　给我一片空间，还您一片绿色。杨浩先生说，在推广速生无刺刺槐上，他们任重道远，依然行走在路上。因为，中国好大！

本文作者与杨浩先生（右）在速生无刺刺槐前合影

2017年5月18日晨

48 张夫寅，扛起推广直杆乔木柽柳大旗

2017年11月20日，已经是夕阳西下的时候了。初冬的夕阳如一束温暖的春光，洒在数排修长飘逸的树冠上，不知道是树冠柔美，还是阳光柔美，反正彼此融合在一起，好不亲密！那树冠，那树干，简直都美极了，也惊诧极了。它，就是直杆乔木柽柳。

我瞧见那神奇的柽柳，不是在青岛，而是在山东潍坊的昌乐，一个叫根源的生态园里。推广人张夫寅先生，就站在我的身旁。

此刻，他虽然没有我那么惊喜，但当着我这个客人的面，他的喜悦心情不亚于我。他的脸上，布满了轻松的笑容，是可以让人强烈感觉到的。因为，他的繁殖已经有了一定的数量。

2017年11月20日，作者与张夫寅
先生（左）在直杆乔木柽柳前

2017年夏日，张夫寅先生在他的
直杆乔木柽柳基地

145

张夫寅先生，中等个儿偏上，正值中年。他戴一副深色眼镜，腰杆笔直，略显微胖，说话和走路都是轻轻的。他文质彬彬，和蔼可亲，十足的一个大学教授的模样。但他不是大学教授，虽然他是大学本科毕业。他的夫人是博士，是青岛一所大学的教授。但他的身上，也带着一股浓郁的学者的味儿。

有人会问，你不是说张夫寅是青岛的吗？怎么看见乔木柽柳的地方是在潍坊的昌乐？没错，不是在青岛。20 多年了，夫人在哪里，他就在哪里。如今，他的夫人在青岛，他就要围绕青岛转。因此，他的公司也注册在青岛。公司的名称是：青岛根源生态农业有限公司。

但夫寅告诉我说，他的柽柳乔木生产基地不在昌乐，而是分布在潍坊周边两三个地方，总共面积有 200 余亩。当然，他还有别的苗木，面积不小，诸如各种大叶榆，各种碧桃，用到绿化工程上，都是顶呱呱的上等货。

他的直杆乔木柽柳样品，选择种在昌乐的一个生态园里，离潍坊高铁站很近，开车也就 20 来分钟。谁来了，看着都方便。

他的直杆乔木柽柳，我看了之后，有两大神奇之处。

一个神奇之处是：它乔木，而不是灌木。柽柳，在我的印象中一直是灌木，而不是什么乔木。我有这个印记，年头早了，还是 1987 年，一晃 30 年了。

那时，我在中国花卉报当差，去河南参加一个盆景展览。在展览会上，我注意到有十几盆柽柳盆景，都是老桩子，纯粹的灌木。

我之所以注意那些柽柳，是因为柽柳的枝叶很别致。别的树木，叶子或大或小，都是心形的，而唯独柽柳翠绿的叶子是针状的，而且很细很柔，像软棉花捏的，不像松柏类针状的叶子那么坚硬，那么扎手。我问参展者，那柽柳产在何处？怎么没有见过？对方一笑说，你怎么可能见过？柽柳生长的地方是在黄河古道的岸边上，平原怎么会有呢？后来我才知道，黄河两岸的地方多是沙荒地、盐碱地，敢情那柽柳的理想家园是沙壤土，但同时很耐盐碱。

因此脑子里，多少年了，我对柽柳的印象就一个：柽柳是灌木，灌木中有柽柳。仅此而已。然而，如今亲眼所见乔木柽柳，我禁不住再一次感叹，我们的乡土树种竟然有如此的神奇之处。有了乔木柽柳，它似乎一下子直入云霄，从侏儒变成了巨人。这不禁让我感到神奇。

还有一个神奇之处，就是它的杆子直。笔直的树干好似被无形的东西绷直了似的。在来到潍坊昌乐之前，我已听说过另外一处有乔木柽柳，但从照片上看，那柽柳的树干不像这里的桎柳那么直，而是有些弯曲。对此，昨天陪我看乔木桎柳的一位年轻的教授说：方老师，在别处，甚至在全国，您再也找不到像这里那么笔直的乔木桎柳了。

是啊。那些植株，真是漂亮。树冠丰满，树干的分支点，几乎都在2米左右，地径已有3厘米粗。其树皮呈深红色，与海棠的颜色相近。夫寅说，这里的土壤没有盐碱，若是在盐碱地里生长，这些乔木桎柳的外皮都会闪着光，透着亮，耀眼极了。

根据夫寅的介绍，他的这些3厘米粗的直杆乔木桎柳，从繁殖开始到现在，已是3年的根，两年的干。不用大水大肥，按照一般的养护，明年就可以达到5厘米粗。每年的生长量在2厘米粗，是没有任何悬念的。

直杆乔木桎柳的繁殖，主要靠扦插繁殖。但夫寅说，扦插繁殖，没有一定的技术是很难繁殖成活的。为了对客户负责，他现在主要出售2厘米粗的成品苗。

直杆乔木桎柳，树干那么笔直，风沙盐碱地区算是有福了。最近，他刚刚与潍坊附近一个单位签订了种植乔木桎柳的合同。来春，仅仅一个小的工作区，就要种植三四千棵3厘米粗的直杆乔木桎柳。

这个好消息，只是一个开端。我国幅员辽阔，盐碱地的地域很多。很多地方只有道路两旁种植了一些乔木，但都换过土壤，每平方米都要付出很大的代价，而更多的盐碱地还是荒芜一片，看不到什么高大的绿色植物。如今，直杆乔木桎柳的出现，必将如星星之火，为荒芜的盐碱地区披上绿色的盛装。

不仅如此，那直杆乔木桎柳每年5～7月，枝头还会盛开密密麻麻的浅粉色的小花。那小花一束束的，拥挤在一起，如一片片从天而降的彩云，风儿一吹，荡来漾去，此起彼伏，好似一个个青春美少女，嘻嘻哈哈的，跳起来，舞起来。呵呵，美艳的很呢！

满眼生机转化钧，天工人巧日月新。直杆乔木桎柳，只要宣传到位，推广到位，其前景无疑广阔无垠。

好啊！张夫寅先生，已经扛起了这面推广大旗。

● 直杆乔木桎柳传来好消息

2018年3月，直杆乔木桎柳的选育者、青岛根源生态有限公司的董事长张夫寅先生发来一则消息，让我很是兴奋。他说："方老师您好！告诉您一个好消息，现在已经有客户看了样板林后急着要用我们的直杆乔木桎柳'根源1号'了。我说只有3厘米

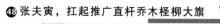

左右的，他们也不嫌小。因为他们的工业园区在重度盐碱地，其他树木难以成活。价格当然是杠杠的！他们说，使用直杆乔木柽柳比换土划算多啦，他们还想密一点栽，长大一些，自己绿化直接用更划算！市场前景一片大好！"

"胜日寻芳泗水滨，无边光景一时新"。本来，这春天的蓬勃生机就让我兴奋，夫寅传来的消息，让我更加感到这世界的美好。

直杆乔木柽柳，是北方乡土树种中涌现出来的新优树种之一，这个功劳是属于张夫寅先生的。

2017年11月，他的这个树种，在全国第五届十大新优乡土树种推介会上被评为获奖树种。当时，在会场外大厅展示时，便受到热烈欢迎，围了一拨又一拨参会的经营者。

柽柳，又称之为垂丝柳、西河柳以及红柳。枝条细软，姿态婆娑，是黄河沿岸常见的一种优良的灌木，护坡、固沙、耐旱、耐盐碱效果特别好。它多次开花，开出的花儿，一穗一穗的，颜色为浅浅的玫瑰色，远远看去，如一抹抹彩云，似一片片轻纱。飘落在上面，朦朦胧胧的，好像曼妙娇羞的姑娘，美丽极了！

柽柳，作为多年生的植物，是制作盆景的极好材料。但这一树种多年来在苗木界一直作为灌木栽培，多少年没有任何的改变，总是老样子。如今，有人将它一改常态，华丽转身，脱颖而出，成为了笔直的乔木。

这么新颖的品种，这么洒脱的苗子，怎么可能不大受欢迎呢？

况且，直杆乔木柽柳虽然改变了原来的模样，但本质上还是柽柳，它的耐旱、耐盐碱的特性丝毫没有改变。赵本山的话："小样，你穿上马甲就认不得你啦？"是的，换了模样的柽柳，还是柽柳。

不常见的东西，总是受到人们追捧的。况且，它是耐严重盐碱的乔木植物。使用直杆乔木柽柳苗子的，就是重盐碱地区的园区。正因为如此，这个耐盐碱的树种才成了对方看好的香饽饽。

夫寅的消息中解释得很清楚，即使是3厘米粗的苗子，需求方也不嫌小，他们说

"比换土划算多啦。他们还想密一点栽，长大一些自己绿化直接用更划算"。这不是如获至宝吗？

我作为新优乡土树种的倡导者、推广者，任何一个树种得到应用，我都感到无限的喜悦，好似吃了蜜一样的甜。直杆乔木桎柳受到绿化方垂青，也是如此。

从这个意义上说，我要祝福直杆乔木垂柳好运连连！祝福张夫寅先生的根源公司好运连连！

2017 年 11 月 21 日晨，于山东潍坊

❹ 张夫寅，扛起推广直杆乔木桎柳大旗

㊾ 直杆榆，在皖北泗县大显风采

　　直杆榆，在淮北大地的宿州市泗县崭露头角，大显风采了。直杆榆，是北方乡土树种白榆的变种。白榆，便是我们常说的榆树。

　　北方人，谁没有见过榆树呢？房前屋后，沟壑渠旁，都可以看见它的身影，不新鲜。这榆树，按照植物分类学的说法，几乎都是白榆。直杆榆，虽然还属于白榆，但与普通的白榆可大不相同了。此榆树与彼榆树相差甚远矣！

　　2017年10月21日，我来到宿州市泗县刘圩镇，来到该品种的推广者、安徽森苗园艺科技有限公司陈明辉先生的榆树繁殖基地，见到了直杆榆，顿时被它美丽的株型震住了。

　　这是一个秋色渐浓、阳光高照的美妙日子。正如一首诗所言：谁言秋色多寂寥，叶染风采盖春潮。沿途道路两侧，白的是芦苇，黄的是栾树，红的是石楠。好一个多彩的深秋。

　　但眼前所看到的树木，是榆树吗？是开春可以撸榆钱吃的榆树吗？粗壮的树干，直挺挺的，特别的高大，比常见榆树的树干高多了，比北方常见树木的树干也要高多了。它的树干像电线杆一样笔直，可以跟水杉媲美，还像桉树一样高耸入云。如此美丽的株型，似惊鸿一瞥，彻底颠覆了我对榆树原有的概念。

　　我喜出望外，一连对陈明辉先生说了三遍：好品种，好品种，真是好品种！

　　说来，我知道直杆榆这个名称的日子并不长，也就是两个多月前。两个多月前，我到山东冠县参加苗木论坛。在报到大厅，我翻看了一下来宾的登记册，翻看到第二页，看到安徽宿州一个叫唐敏的人时，引起了我的注意。引起我注意的，倒不是唐敏这个名字，而是她在留下手机号码的前面，加上了直杆榆3个字。

　　我看了之后，一愣。直杆榆？榆树不是都直干的吗，直干有什么新鲜的？这是在故弄玄虚吧？枝干弯曲的，倒是有，诸如龙爪槐、龙爪柳、龙爪榆什么的。前不久，我还看过榆树扭曲的品种，但也仅限是枝条，并非主干啊！出于好奇，也出于对新品种的热爱，我随后按照唐敏留下的号码，给她打了一个电话，把心里的想法跟她说了一遍。唐敏说，我们的直杆榆新鲜不新鲜，好不好，您有机会看看去就知道了。

前些天，我在策划筹备第五届十大新优乡土树种推介会时，有的朋友向我推荐最近接触到的新优乡土树种中，提到了直杆榆，说如何如何好。我还是不大相信，还是以为叫直杆榆是在炒作概念。没有几天，又有人向我推荐直杆榆，我心动了，想去现场探个究竟。呵呵，这个机会很快就来了，真是心想事成。

2017年10月份，与宿州相隔近200公里的滁州来安国际花木城搞苗木展会，请我去演讲。乘高铁恰好路过宿州。于是，我在到滁州之前先在宿州下了车，这才看清了直杆榆的"庐山真面目"，这才对直杆榆是个好品种心服口服。

直杆榆是从白榆中选育出来的，但前几年繁殖极少，也没名没姓。在上海经营苗木种苗多年的陈明辉先生，是2013年回到泗县老家自主创业种植苗木的，苗圃总面积有1100亩地。他接触到直杆榆后，敏锐地感觉到直杆榆是榆树当中一个很难得的好品种，于是把经营的重点从普通的苗木锁定在了直杆榆上，将起神子加油干。从2014年开春开始，他大张旗鼓地繁殖起来、培育起了直杆榆。

泗县，古称虹县、泗州，属于皖北大地。泗县的北面，与江苏宿迁相连。泗县的东面，靠近泗洪。西面，是出灵璧石的灵璧。南连五河。从宿州高铁站到陈明辉先生在泗县的基地，可不近，有120多公里。但沿途都是高速，驱车1个小时多点，就到了目的地。也不累。

我在苗木基地现场看过之后，感到直杆榆最为明显的有四大特点：

一是直干挺拔高耸。我开头已经形容过。这一点，该是直杆榆最为鲜明最为突出的特点了。直杆榆，如杨树，似桉树一样的高耸，是没有夸张注水的。它的苗木杆子之高，之长，如果定干，做行道树，分支点即便定在5米，也是轻而易举，没有任何的难度。别的树木，别的常见乡土品种，是很难做到的。

二是杆子直。直杆榆小苗杆子直，是因为此品种从小外皮就硬，骨子里就有这方面的基因。幼株不用绑扎竹竿，"脊梁"也会挺得笔直，长大不会有任何的弯曲。而现有的速生榆就不行。苗子小时，风一刮，就会低头，杆子变得弯曲。国槐更是差得很远。基于以上两点。陈明辉先生在起名称时，由此想到桉树，才受到启发，起名为直杆榆。

陈明辉先生，50出头，高高的个子。由于岁月的蹉跎，皮肤看上去有一点发黑。但你稍微接触便会发现，这位当年安徽农学院毕业的大学生，说话、做事，都是非常

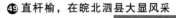

严谨认真的。

此品种，他还取了一个名称，叫直杆榆。直杆榆和直杆榆，谐音一样。免得日后有人借谐音侵权。现在，这个有心人已经把这两个名称向国家商标局申请注册，初审已经通过。

三是长势迅速。这一点更是无话可说。他定植时，直杆榆的杆子只有小酒杯口子那大，顶多3厘米，但生长30个月之后情景大变，已经长有碗口粗。最粗的，是他办公室门口那一棵直杆榆，已经有19.6厘米粗。我是亲眼看他用盒尺量的。长势最弱的，也有十六七厘米。这就是说，直杆榆的正常生长，年生长量五六厘米粗是没有任何悬念的。今夏繁殖的小苗子，如果初冬定植，到来年这时，长到2.5厘米粗是没有任何问题的。

四是管理粗放。陈明辉先生和他的助手朱先生都说，他们种植直杆榆两年多，没有打过任何农药，但几乎没有发现直杆榆有病虫害的植株。我在现场看，虽然时下已经到了深秋，但直杆榆的叶子还是碧绿，看不出一点有病虫害滋扰过的痕迹。

直杆榆，树干高耸，笔直，长势快，病虫害又少，迅速成林，养护成本低，多好。是的。我们还处于初级阶段，还离不开迅速成林的品种。虽然直杆榆的木质组织不如楠木、香樟那些名贵树种，但可以使大地迅速变绿，就很不错了。有人说，速生树木品种是浮躁的产物，不可重用。我不这么看。就如同麦冬草，虽然没有冷型草坪那么细腻，但节水，管理粗放，黄土不露天，绿化效果还是很不错的。

直杆榆，已经得到了林业部门、绿化部门和苗木企业的广泛关注。一年多的时间，就有安徽、江苏100多个县市林业部门的领导前来考察。目前，直杆榆的推广取得了初步的成绩，南至广西，西至新疆、甘肃，东至上海、江苏，北至黑龙江、内蒙古等处，都有种植。

临走时，我见到了泗县主管农业的副县长胡浪涛先生。为人朴实、没有官架子的胡县长说：县里要大力支持直杆榆的推广工作，准备扶持陈明辉的企业，尽快建立一个"中国直杆榆基地"。

直杆榆，在泗县大显风采，也一定会在华夏大地上大显风采！一定的！

2018年盛夏，从唐敏在朋友圈发的图片信息盾，直杆榆还有源源不断订货的客商。

2017年10月22日，于安徽泗县

㊿ 大家齐努力，让红豆杉摘去濒危的帽子

前几天，在山东临沂举办的第四届全国十大新优乡土树种推介会上，获奖单位离这里最远的，就属来自甘肃省徽县大山深处的一位中年先生了。他就是罗共邦先生。他推介的品种是中国红豆杉。

罗共邦，人称"西北红豆杉王"。他这一趟出门，可不容易，从徽县秦岭深处的大山出来，到山东临沂，好像是经历一次现代版的二万五千里长征。先要乘汽车，再乘火车，到了陕西咸阳，还要乘飞机，然后还要乘火车。倒来倒去的，路上没有个三四天是到不了临沂的。

在临沂那两天，尽管他很疲惫，但见到来自全国各地的同行精英，却一直处于亢奋之中，黝黑的脸上总是露着笑容，见了谁，都似乎有说不完的话。从普通的农民，到成就红豆杉一番事业，罗共邦先生只用了十余年的时间，真是让人佩服！

老罗，五十出头，高高的个子，有一点驼背，一身黑色的冬装，操着一口浓郁的西北口音。他说出的话，吐出的言，好像都能听到大山的回音。他的笑，好似是孩子般的纯真，让人感到可爱。

我认识老罗，不是在这次临沂会上，而是在今年的春末。徽县的县政协邀请我到徽县，给全县的苗木大户讲一讲全国苗木产业的最新情况。下了飞机，驱车进了宝鸡，钻进了大山，山里的灌木，花儿还在盛开。郁郁葱葱的山谷里，时不时地可以感受到娇艳绚烂的色彩，与鸟儿的啼鸣声共舞。徽县，过去从来没有听说过，到了之后才知道，徽县是甘肃省最大的苗木种植县。从南到北的大山里，长达 100 公里，层峦叠嶂的群山里，到处可以看到绿油油的苗木。在徽县，我停留了两天时间。头一天是参加县政协组织的苗木调研。从北向南，整整跑了一天，看了十几个苗木产区。认识老罗，便是在上午调研的时候。他的中国红豆杉，远近闻名，县里调研苗木，怎么可能少了他这个重点？

他的基地在高桥乡（现在是高桥镇）。到了高桥乡，没看到内地乡镇热闹的影子，看到的，只是他的一个苗木基地。基地就在东西走向大山之间的山谷里。不大宽阔的溪水，浅浅的，由西向东缓缓地淌着。他的苗木基地，就在溪水的一侧。让我眼前为之一亮的，是在几间简易房前，有几十盆古朴优美的红豆杉。开始，我以为是他养着玩的。身穿一身发旧了衣服的老罗不干了。他说，哦，不是玩的，红豆杉是我的主业。他指着远处山坡上一大片绿莹莹的小苗说，那里，还有再远的山沟沟里，都是我培育的红豆杉。

随后，我们又到了泥阳镇农业示范园区一块地里。这里，让我惊讶的不得了了。好大一片，三四百亩地，到处可以看到老罗的红豆杉。都是树状，足有 2 米多高。一丛丛，一排排，几乎望不到头。这些红豆杉，不是用来做盆栽的，而是专供城乡绿化的，专为绿化美化环境而培养的。我看了为之惊讶。在西北的大山深处，珍稀植物红豆杉，竟然做成了规模化，做成了产业化，不简单，棒棒哒！

这一次，在临沂跟老罗聊天，才知道他的红豆杉原本是当地浅山区一种野生的植物资源。这种红豆杉，属于中国红豆杉，不同于进口的曼地亚红豆杉，也不同于南方红豆杉。它是一种大乔木，是可以长到数十米高的参天大树。山里，还有数百年的大树尚在，需要两三个人才能搂抱过来。

他的红豆杉，由于产在干旱的大西北，因此耐寒、耐旱、耐瘠薄是显而易见的，不然，在长期的恶劣环境中，早就被淘汰出局了。

物竞天择，适者生存，是不会改变的。当然，他的中国红豆杉的长势，比起南方红豆杉的长势慢些。南方红豆杉，一年可长到一米五六左右，而中国红豆杉也就长到一米一二左右。

我问他，是从哪一年开始种植红豆杉的。他说是 2004 年。他在山里发现了红豆杉大树，才感觉这是树木中的宝贝。为什么没人繁殖？为什么没人培育？这么好的树种怎么能让它断子绝孙？

于是，他开始引种试验繁殖。在小环境里精心播种，很快获得了成功。但红豆杉属于国家珍稀濒危树种，没有省里正式的许可证，是不允许经营的。他是个本分人。他来到省里办手续。办手续的人说，只有国有林场或者国有苗圃才可以经营红豆杉。他是民营企业，是个农民，办不成手续。后来，他想到了在县里调研的一位省林业厅的领导。在那位领导的热情支持下，他很快办理了合法的经营手续。

人干事，总会遇到这样或者那样的困难，但办法总比困难多，也总会有人以不同的方式支持。关键是自己碰到困难别灰心，别丧气。

老罗，就是这样一个从不向困难妥协的西北汉子。到今年的 2016 年，他的红豆杉苗木已经发展到了 500 万株。其中 2 米高的就有 15 万株。总面积达到 1100 亩。他的红豆杉，无疑是西北地区最大规模的。

今年省里开林业会议，当年支持给老罗办手续的领导，在会上特意表扬了他，希望大家向他学习。

他的发展为什么这么快？他说，我一个人，即使加上我们一家人，又能发展多少？能力极为有限嘛！他走的是农业合作社加农户，加基地的办法。把农民的积极性调动起来。他出种子，出技术；农民出地，出管理。他到时候按棵收购。农民发展了，他也发展了。

他的任务，就是监管，就是开拓市场。如今，老罗的红豆杉已经在兰州、太原、银川、西安等地铺开。老罗说，中国红豆杉，最适合在西北和华北种植，一年长到三四十厘米高，是没有什么问题的。

红豆杉浑身都是宝。红豆杉的叶和树皮可以提炼紫杉醇，紫杉醇对癌症及很多疾病疗效突出。红豆杉果实可食。老罗说，红豆杉，性成熟晚，树龄在 8 年以上才开始结果。雌雄株都有果子，但雄株果子要少得多。

红豆杉珍稀，价格高，属于阳春白雪，这是众人的说法。然而，老罗的说法是，红豆杉少，自然珍稀，自然要贵，但繁殖多了，发扬光大了，有规模了，就不会贵了。

从左到右：罗共邦，作者，罗哲

2017 年 11 月 4 日晨

⑩ 大家齐努力，让红豆杉摘去濒危的帽子

附表

全国五届十大新优乡土树种推介会获奖树木表

第一届获奖树木

树　　木	推广人	单　　位
玉玲花	杨　锦	荣成市东林苗木种植专业合作社
楸树	郭　明	洛阳金楸苗业发展有限公司
巨紫荆	吕成琳	河南四季春园林艺术工程有限公司
兆国海棠	管兆国	山东沂州木瓜研究所
甜茶	王士江	山东东园生态农业有限公司
密枝红叶李	郭云清	开原市云清苗木花卉有限公司
'阳光男孩'	黄印冉	石家庄绿缘达园林工程有限公司
七叶树	徐冠芬	海门市森罗万象园林有限公司
聊红槐	蒋书怀	冠县春源聊红槐繁育绿化有限公司
耐寒广玉兰	曹正文	上海大自然耐寒广玉兰繁育基地

第二届获奖树木

大粒药用皂角	项华融	潍坊市潍州花卉苗木专业合作社
对节白蜡	邵火生	武汉光谷园艺工程有限公司
木槿	朱永明	德州双丰园林绿化有限公司
红花紫薇	郭朝建	成都市温江区红花紫薇花木专业合作社
丝棉木	高林峰　孙洪峰	河北齐晖农业科技有限公司
流苏	李鸿乾	郯城县沐蓉苗木有限公司
花木蓝	魏玉龙	青州市博绿园艺场
黄金甲刺槐	王华明	河南名品彩叶苗木股份有限公司
糠椴	李运君	青岛静琳椴树园
紫椴	朱绍远	昌邑市花木场

第三届获奖树木

变色龙须柳	孙柏禄	宁夏吴泽绿业园林有限公司
锦叶栾	于程远	高密金禾家庭农场

树 木	推广人	单 位
红盛紫薇	王百胜	浙江省嵊州市红盛花木专业合作社
红叶椿	侯耀刚	潍坊市润丰绿化苗木基地
金红杨	程相魁	商丘市中兴苗木种植有限公司
金叶水杉	陈亮	江苏富春园林有限公司
车梁木	郑贵胜	山东省淄博市博山区郑家苗圃
红花文冠果	翟慎学	淄博市川林彩叶卫矛新品种研究所
红叶复叶槭	王春兰	济宁亿佳源农林开发有限公司
树状月季	陈整鸣	上海市月季花协会
第四届获奖树木		
彩叶豆梨	李茂菊	青州德利农林科技有限公司
枫杨	于程远	高密市金禾家庭农场
黄连木	王振章	河南省安阳市大地林业合作社
	孙佃凤	山东省泗水县泉苗兴发种植专业合作社
'娇红1号'红花玉兰	李成荣	湖北众森生态林业股份有限公司
金陵黄枫	刘伟	南京登博生态科技股份有限公司
金叶丝棉木	翟慎学	淄博市川林彩叶卫矛新品种研究所
苦楝	郑金贺	安徽省彩林苗木种植有限责任公司
	李志斌	石家庄市农林科学研究院林木花卉研究所
天目琼花	杜彤	山东博华高效生态农业科技有限公司
闻香果	胡玉柱	山东巨野县千年闻香果开发基地
中国红豆杉	罗共邦	徽县共邦苗木种植农民专业合作社
第五届获奖树木		
霞光丝棉木	翟慎学	山东省淄博市川林彩叶卫矛新品种研究所
水榆花楸	杨锦	山东荣城东林苗木种植专业合作社
'热恋'白桦	胡爱章	青岛彩盛农业科技有限公司
丛生白蜡	邱炳国	山东省东营市丛生苗木种植合作社
北野梓树	李培建	河南濮阳北野乡土科技有限公司
北京红樱花	苗胜利	河南省长垣苗源农林绿化有限公司
皖槐'速生一号'	杨浩	安徽格瑞恩园林工程有限公司

157

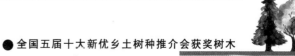

●全国五届十大新优乡土树种推介会获奖树木

（续）

树　木	推广人	单　位
金丝吊蝴蝶	李高峰　于仁贵	陕西蓝田县大唐苗木种植园
洛阳新牡丹	霍志鹏	洛阳国际牡丹园
直杆榆	陈明辉	安徽森苗园艺科技有限公司
新品种特别奖		
聊红槐	邱宗卫	山东省聊城市高新区东昌聊红槐研发繁育中心
无絮红丝垂柳	王长江	河北沃欣农业科技有限公司
紫水晶香李	邵凤成	天津运河种业有限公司
柽柳'根源1号'	张夫寅	青岛根源生态农业有限公司
火炬柳	范永锋	河北霸州市供赢种植专业合作社
平安槐	王学坤	沂源东方平安槐开发研究所
最佳推广奖		
彩叶豆梨	耿　飞	冀州绿泽农场
'娇红1号'红花玉兰	李承荣	湖北众森生态林业股份有限公司
全红梨	刘　李	临沂奥弘农业技术有限公司

　　注：由方成先生、刘晓菲女士共同策划，苗木中国网连续5年主办的五届新优乡土树种推介会，优选出50个已规模繁育的新优乡土树种，6个新品种特别奖，3个最佳推广奖。

● 后 记

熟悉的朋友，看到这本书的书名，便会想到。这本书，应该与作者之一的方成先生推广的十大新优乡土树种推介会有关。没错的，是这么一回事，呵呵，给您一百分。

这本书的出版，得益的就是"全国十大新优乡土树种推介会"。此会便是由方成先生和刘晓菲女士共同策划的，由刘晓菲女士的苗木中国网主办。这个推介会，自2013年起，每年一届，共举办了五届。每一届推出10个新优乡土树种，总共是50个。但推广的不只是50个，还有6个新品种特别奖，3个最佳推广奖。当然，都是新优乡土树种的范畴了。不然，就不在这盘菜里了。

需要说明的是，本书中介绍文章的顺序大都是按采访年月排列的，前后没有厚此薄彼的概念。

这五届的推选的新优乡土树种，总共是59个，为何只选择了50个品种？

在解释之前，想起《汪曾祺自选集》的序言里，著名作家汪曾祺先生写的一段话。他说："我的自选集不是选出了多少篇，而是从我的作品里剔除了一些篇。这不像农民田间选种，倒有点像老太太择菜。老太太择菜是很宽容的，往往把择掉的黄叶、枯梗拿起来再看看，觉得凑合着还能吃，于是又搁回到好菜的一堆里"。我们的情况跟汪先生自谦所说的不同。这59个树种，不用择，毫无疑问，都是好东西。之所以选择50个品种，一个是跟推广的50个品种的数字吻合，还有两个重要的原因：

一是品种不能重复。例如彩叶豆梨。青州德利农林科技有限公司的彩叶豆梨，是第四届十大新优乡土树种获奖品种之一，跟河北衡水冀州农场获得的第五届最佳推广奖的彩叶豆梨重叠。在这两者之间，只能选择前者青州德利的彩叶豆梨了。以此类推。在此，请未入选的朋友们给予谅解。还有一个原因是，虽然属于50个入选的树种品种，但笔者本人没有到现场看过写过，其品种也没有在入选之内，也敬请给予谅解。

此外，本书中介绍的还有3个苗木品种，是不在上面提到的五届"全国十大新优乡土树种推介会"的范围之内的，它们分别是，丛生丝棉木、耐寒梅花、独干金银木。原因是它们都已实现了规模化生产，而且关键是笔者都到现场看过写过的。

需要说明的是，本书中介绍文章的顺序大都是按采访年月排列的，前后没有厚此薄彼的概念。另外，本书中涉及的苗木名称多为当前苗木市场上的通称。有些未经专家鉴定。

前面，我们说过，写书出书，是辛苦的，但比起所有为丰富新优乡土树种作出贡献的育种人，特别是推广者，还是微不足道的。他们，是我们园林苗木业最可爱的人。在此，我们向他们表示衷心的敬意。

作者

2018年5月30日，于北京